优雅糖花
装饰你的蛋糕

（英）杰奎琳·巴特勒　著

李祥睿　周倩　陈洪华　译

中国纺织出版社有限公司

前　言

我自青少年时期开始接触烘焙，那时候我喜欢在假期为家人制作精美的食物。我尝试做过饼干、蛋糕和馅饼，这些食物得到了兄弟姐妹的广泛好评。在厨房里花的每一份心思对我来说都意义非凡，我也十分享受观摩学习妈妈烹饪的时光。

因为有了先前的经验，我开始为朋友家人的各种庆祝活动烘焙蛋糕。不久我又尝试在蛋糕上撒上其他东西，裱上花或者放上可爱的动物模型。而后我偶然间翻阅了一本有关翻糖花的书，于是我就迅速地全身心投入到了翻糖花的制作中。将一个简单的糖膏球塑造成精美的花朵，这样的过程对我来说奇妙无穷，这样的艺术形式让我沉迷不已。我深入研究了那些令我敬佩的艺术家们的作品，广泛地去学习相关知识，为糖花的制作打下坚实的基础。我在家一遍又一遍地练习这些新的方法，直到自己充分熟练，能够自信地去创作出新的糖花。渐渐地，我开始在所有的蛋糕上面装饰上翻糖花，并逐渐形成了自己的风格，创作出了糖花蛋糕。

我制作的翻糖花都有固定的风格，体现了我自己对于现实事物的理解和看法。花朵的制作需要费点功夫，但也不是太难，因为我将一些不必要的步骤都尽量简化了。如果哪一步骤细节部分不是那么完善或者作用不大，我就会去改善甚至省略它，这样翻糖花制作的过程才令人轻松又愉悦。在需要的时候，我有时也会用切具模型或者压纹模具来制作花朵，这些小工具能够使我快速高效地完成工作。我希望大家在制作翻糖花时不要过于追求完美，而是要学会去用心制作花朵。多加练习，很快你们就能够轻松地制作出精美的糖花。

糖花蛋糕就是在蛋糕上面缀满新鲜的花朵，新颖又时尚。我很开心能够在此跟大家分享一些设计蛋糕时我最喜欢的花朵搭配，以及根据蛋糕的不同尺寸和风格进行的各种搭配。由于我分享的大部分的方法都可以在小蛋糕上完成，因此即使你是个糖花制作的新手，也可以很快上手操作，为下个生日或者纪念日创作出一个精美的糖花蛋糕吧！当你积累了更多的经验，变得更加熟练，就可以运用多种搭配技巧，设计出令人惊叹的大型婚礼蛋糕！

我非常荣幸能够有这样极好的机会，去给世界各地真心热爱又充满热情的学生传授翻糖花制作的方法。授课过程中最让我回味无穷的是，第一次与同学们相遇时，他们在紧张严肃地制作翻糖花，随后又因创作出自己喜爱的作品时而喜笑颜开。他们在课堂上小心翼翼地尝试，当后来他们创造出了自己热爱的作品时，一个个都笑逐颜开、兴奋不已。而后他们都跃跃欲试，期待着下一次的施展拳脚。

我希望自己的建议和技巧能对大家有所帮助，让你们能在现有技艺上快速做出新式翻糖花，装饰你们的蛋糕。我更希望自己分享的制作方法和图片能够为大家提供一些灵感，从而设计出属于你们自己的精致美丽的糖花蛋糕。

杰奎琳·巴特勒

译者的话

　　刚刚拿到《优雅糖花装饰你的蛋糕》（*Modern sugar flowers：Contemporary cake decorating with elegant gumpaste flowers*）一书时，有种相见恨晚的感觉。因为近几年，随着餐饮业的发展、旅游业的进步、人民生活水平的提高，大家开始注重生活的品质了，过生日、祝寿、婚庆、开业等喜庆场合，消费的不再是普通的裱花蛋糕了，逐渐取而代之的是日趋流行的糖花蛋糕。

　　本文的作者杰奎琳·巴特勒是国际知名的翻糖艺术家，同时也是美国加州圣地亚哥Petalsweet公司的老板和创意总监，而且也是一位婚礼蛋糕师兼糖果工艺师和蛋糕装饰指导师。她发明了一种独特的蛋糕装饰风格，即用糖花进行装饰。在这本精美插图的书中，她慷慨地将这种方法分享给了读者。在书中，她从翻糖的基本工具、专业工具、材料、干佩斯和染色，到各种配方都详细地作了介绍，尤其通过600多张精美的图片，分步说明如何用不同形态的花朵、花苞和叶子来制作18种不同风格清新时尚的糖花。最后，杰奎琳还向我们展示了如果用这些花来设计婚礼和庆典蛋糕，包括直接制作单层和多层的蛋糕，以及预先制作顶部装饰和蛋糕隔层。所以，这本书实用性很强，不仅介绍客观系统，而且对未来的糖花设计具有较强的参考价值。

　　本书稿由扬州大学李祥睿、周倩、陈洪华翻译，参与本书资料搜集、文字编辑的有南京理工大学的李佳琪，扬州大学的蒋海婷、毕亮，杭州第一技师学院的王爱明，扬州旅游商贸学校的高正祥、曾玉祥、王爱红等，本书在翻译过程中，得到了扬州大学旅游烹饪学院、扬州大学外国语学院和中国纺织出版社有限公司领导的支持和鼓励，在此一并表示谢忱。

李祥睿、周倩、陈洪华

2018.10.22

目　录

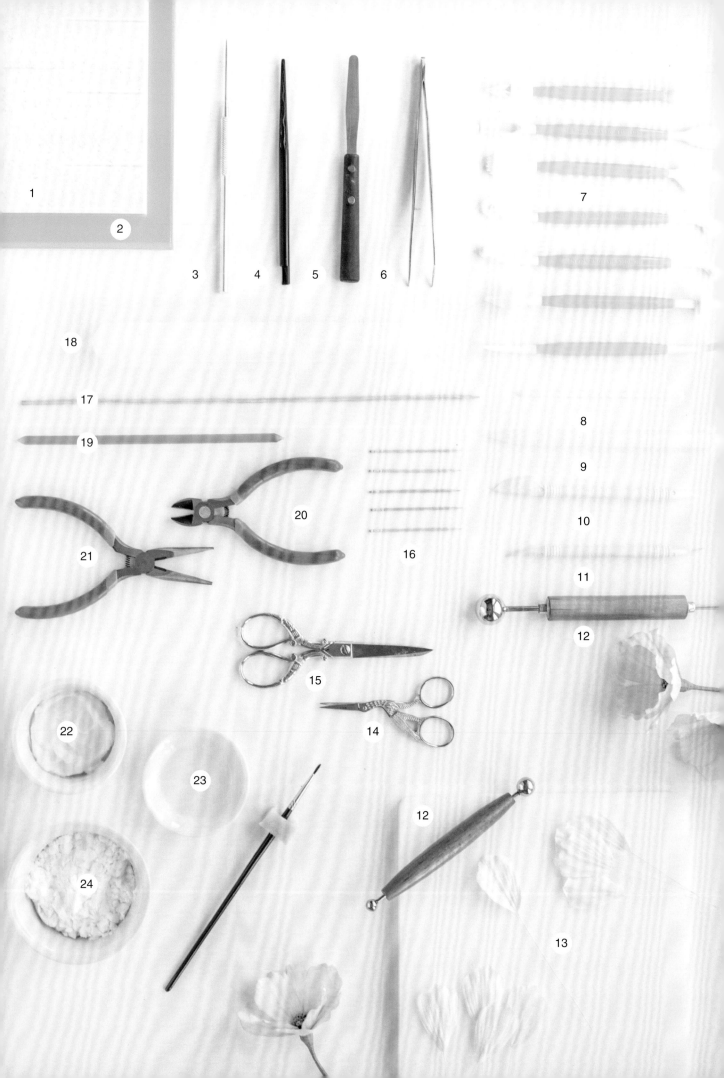

1

2

3 4 5 6

7

18

17

19

20

21

16

8

9

10

11

12

15

14

12

22

23

24

13

基本工具

1. 花茎板，多功能翻糖专用不粘板，正面的小洞用来制作"墨西哥帽"，背面是光滑的平板。

2. 花瓣防干板，用于保护擀好的糖膏或者雕好的花瓣，避免它们干得太快。

3. 工具针

4. JEM 牌翻糖花瓣纹路棒

5. 迷你调色刀

6. 镊子

7. 一套捏塑工具

8. 小号万能白棒

9. 万能白棒

10. 划线刀

11. 德雷斯顿塑形工具

12. 塑形球棒套装

13. 花瓣纹路压模

14. 小号刺绣剪刀

15. 锋利的大剪刀

16. 牙签（或鸡尾酒装饰签）

17. 长木扦

18. 小号不粘擀面杖

19. 迷你擀面杖

20. 剪钳

21. 手钳，用于钳弯花茎，便于摆花

22. 植物起酥油（白色植物油脂，简称白油）

23. 糖胶和小刷子

24. 玉米淀粉

专业工具和材料

1. 泡沫球套装

2. 用于刷粉的扁头和圆头翻糖画笔刷

3. 不锈钢叶子切模（绣球花叶）

4. 叶子切模和叶脉压纹模（樱花叶）

5. 不锈钢花瓣切模（甜豌豆花）

6. 色粉

7. 凝胶食用色素

8. 扁头刷

9. 精细勾线笔

10. 硅胶叶脉压纹

11. 花瓣不锈钢切模（绣球花）

12. 各种型号的塑料半球模具

13. 晾干架

14. 翻糖测量刻度尺，用于测量糖膏球的尺寸

15. 糖花晾干定型海绵垫

16. 硅胶花瓣压纹模

17. 户外专用聚酯线

18. 缝纫棉线

19. 泡沫花苞

20. 花粉（由无味凝胶和色粉混合而成）

21. 花艺纸胶布

22. 通用型硅胶叶脉压纹模

23. 不锈钢花瓣切模（小玫瑰花）

24. 不锈钢花瓣切模（大丽花）

25. 不锈钢花瓣切模（小苍兰）

26. 花蕊

27. 专用铁丝花杆

干佩斯和染色

　　干佩斯是制作糖花专用的糖面的一种，成分包括糖、蛋清、植物起酥油（白油）以及明胶等，其质地柔软，可以擀得更薄、更透亮，更容易做出比较细致的糖花，干佩斯也可以用于制作翻糖造型、缎带等其他细致的装饰品。市面上可供选择的糖膏很多，和其他的糖类产品相比，干佩斯易受到天气条件和环境气候的影响。因此，最好能尝试不同品牌的糖膏，从中找到最合适自己使用的。在制作过程中，如果觉得面团有点粘手，可以抹点玉米淀粉，如果感觉较干则可以在手指上沾点植物起酥油（白油）。

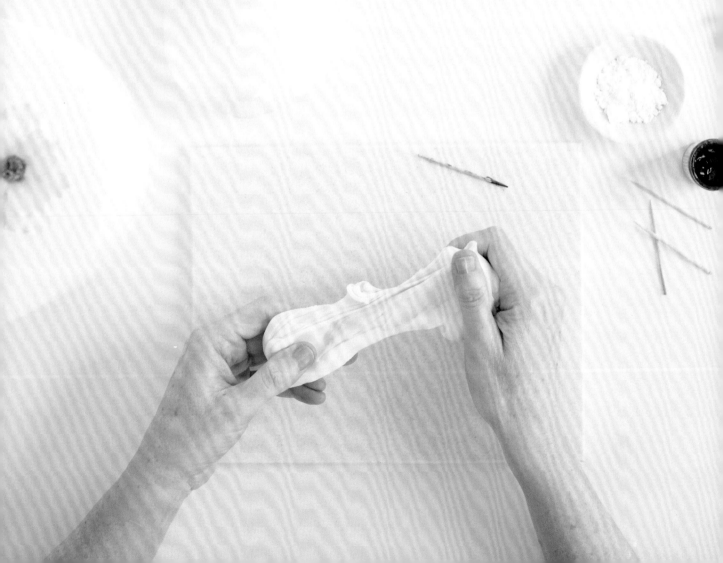

小贴士

　　当我们使用玉米淀粉和植物油时，用量要少，防止面团太干或者太油腻，没有韧性。

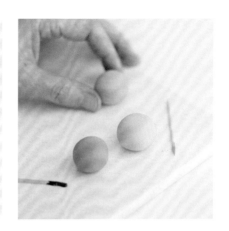

泰勒粉干佩斯

　　这个干佩斯配方我使用了很久，它是由著名的大师尼古拉斯·洛奇创造出来的，他非常慷慨地给了我在此和大家分享的机会。这种制作配方上手快，步骤简单，成品光滑且有韧性，风干后造型精美。配方如下：

· 125g 新鲜或经过巴氏消毒后的蛋清
· 725g+100g 糖粉
· 30g（27g*）的泰勒粉
· 20g 植物起酥油（Crisco 牌）

制作步骤：

1. 将蛋白倒入搅拌机，高速转动几秒打至起泡。

2. 将搅拌机调至低速；缓慢加入 725g 的糖粉用来制作出软稠的皇家糖霜。

3. 将搅拌器调至中高档，搅拌 2 分钟左右。

4. 确保将其完全打发至光滑雪白，勾起尾端成弯曲状。如果想要彻底染色，可以在这一步骤上添加凝胶色素，使成品颜色更深。

5. 将搅拌机内的浆料从碗壁上分离并将搅拌机调慢，在 5 秒内撒入泰勒粉。再将机器调至高速，搅拌几秒钟使其变稠。

6. 将浆料从机内取出放至操作面板上，撒上提前准备好的 100g 糖粉。在手上沾点植物起酥油，再去揉糖膏，过程中加入适量的糖粉，使做出的干佩斯柔软但不粘手。用手指捏一捏，检查一下，确保其始终不会粘手。

7. 用保鲜膜将做好的干佩斯包裹起来，然后放入夹链袋中。再套上第二层密封袋，确保密封效果良好。如果可能的话，放入冰箱静置 24 小时。

8. 要用到干佩斯的时候，从冰箱中取出，恢复常温。切下一小块，抹上一点植物起酥油，再进行揉搓。如果想要在这一步骤上进行染色，则将凝胶色素加入面团进行揉搓，直到变成你想要的颜色。

9. 不用干佩斯时，将其存放在冰箱即可。干佩斯可在冰箱放置 6 个月左右。你也可以通过冷冻使其保存时间更长。

10. 如果你不想要干佩斯干得太快，或者你希望做出深色的干佩斯（如黑色、深绿色和紫色），你就可以少加点泰勒粉。

*注释：有些特定品牌的泰勒粉混合性要强于其他品牌。如果不是 ISAC（The International Sugar Art Collection）认证的泰勒粉，要尽量少用。

染色

　　在给干佩斯染色时，需要用牙签沾取凝胶色素涂抹在上面，然后将色素与白色糖膏揉匀。切记，刚揉搓好的颜色可能会有点深，但待其晾干之后颜色则会变淡。

　　想要染出漂亮的颜色，就要先取少量白色糖膏染成深色。在基础色做好之后，继续加入白色糖膏直到颜色变淡成为你的目标色。相比将大的白色糖膏直接染成目标色，我发现这种方法要更加快捷简单。

　　在给干佩斯染成绿色系时，我们经常会用以下这些颜色来使我们的作品看起来清新漂亮。第一种是要染成基础的苔藓绿（苔藓绿食用色素）和鳄梨绿（鳄梨绿食用色素）。我们喜欢将这两种颜色用做糖花叶子的颜色。第二种就是在基础绿色上添加一点黄色（柠檬黄食用色素），制作出和淡色系更搭的颜色，非常适合用来制作嫩叶和花萼。第三种就是在原有基础色上添加一点深绿色（森林绿食用色素），做出深色叶子。这三种颜色基本上囊括了各种绿植的颜色，其他品牌的同色系凝胶色素也能调配出这三种颜色。

配方

此糖花的配方操作简单，实用性强。

配方：绿色 + 白色 + 淡色

　　一直以来我都带着极大的专注和热情潜心研究颜色的搭配，但是此糖花的配方主要源于以下三个方面：一是我对绿色的痴迷，二是对绿白搭配的清新感的喜爱，三是源于制作婚礼蛋糕时的思考与研究。

　　在我刚开始工作时，我没有花太多的时间去制作蛋糕上的牡丹和玫瑰花，只是随手做出淡粉色的花，晾干后用色粉在花瓣边缘加点别的颜色。我非常喜欢这样一束淡粉色的花，成品美观，操作便捷，是精致美丽与实用性的完美结合。

　　最初把我最爱的绿色运用到绣球花，花苞和叶子的制作上的时候，我发现许多白色的花同样很漂亮。糖花搭配的最后一步，就是要做出一些花来填补花朵间的空白，使搭配更加协调，我选择用白色的花是因为它非常百搭！

　　以上就是此糖花配方的由来。

　　这种糖花做起来容易，集时尚、清新、美观于一体。这种糖花的制作配方很有代表性，希望大家都能够去尝试一下。

准备工作

在你制作糖花和用糖花装饰蛋糕之前，请花点儿时间阅读以下的信息和方法，因为你在之后会经常用到。

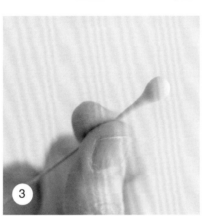
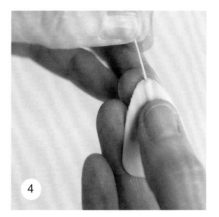
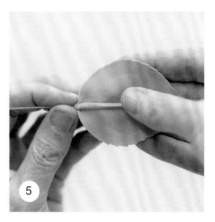

将铁丝顶部拧成弯钩

在铁丝顶部拧出小弯钩，方便将糖膏粘上去（图1）。拧出弯钩需要以下几个步骤。首先，用钳子钳住铁丝的顶部拧出一个开口的弯钩；其次，用力夹紧弯钩直到完全闭合。

将糖膏粘到铁丝上

在粘糖膏球之前，先沾取少量的糖胶涂到铁丝的弯钩上，沾湿即可。将弯钩插入糖膏球的中心，匀出少量的糖膏抹向下方铁丝上，转动铁丝，将糖膏抹至薄薄一层，均匀粘附于铁丝之上，用手指将顶部多余的糖膏拧下。若要想做更长的叶托，以同样的方法做出第一步，但需要将弯钩插得更深，轻轻地在指间来回滚动糖膏，使糖膏沿着铁丝变细，直到达到所需长度。拧去顶部多余的糖膏，用手指搓平（图2和图3）。

将铁丝插入花瓣和叶子

将铁丝插入花瓣和叶子的方法多种多样，我更倾向于使用花茎板，因为可以借助它快速地做出整齐一致的成品。当花瓣和叶子准备就绪之后，在铁丝顶端粘上少量的糖胶，沾湿即可。拿起花瓣或者叶子，压好的茎面朝我们，轻轻地将铁丝插入，每次插入一点，同时用手指感受插入的位置（图4）。插进叶茎之后，轻轻地捏一捏，直至叶茎粘得非常牢固（图5）。如果这样的方法对你来说并不适用，你可以将花瓣或者叶子放于泡沫板上，茎面朝上，将叶子底部置于泡沫板边缘。然后将手指轻轻地按在叶茎之上，再一点点地将铁丝插入叶茎。最后像刚刚描述地那样使它变得牢固。

使用彩色胶带

彩色胶带的颜色和宽度都不尽相同，苔藓绿或者黄绿色的胶带用处最大。但是如果搭配的花朵是纯白或者浅色系的，你需要用到白色胶带来遮住绿色的茎。你也可以通过不同颜色的胶带来创造出你自己想要的颜色。半宽的胶带是最常用的，但是你还是要根据自己的需求来选择合适的。缠绕的过程要尽量少用胶带防止花朵过于庞大。有一些工具可以很方便地将胶带裁剪成两段、三段，甚至四段。使用胶带时，先裁剪成需要的长度，再扯一扯，更易于缠绕。将胶带紧紧地将花枝缠在一起，确保它的牢固性。调整好胶带的缠绕的角度，转动花枝，继续向下将花枝缠紧（图 1）。

刷子 & 上色

为了达到最好的上色效果，我建议大家要准备好扁头刷和圆头刷。扁头的硬刷尺寸应在 3mm 到 2cm 之间，便于给花瓣或叶子边缘上色，或者给一些小的，以及特定的区域上色。圆头的软刷应在 1cm 到 2.5cm 之间，便于将花瓣上的颜色晕染开，尤其适合大面积地快速上色。

在给花瓣上色之前，先在上面轻轻地刷上一层玉米淀粉或者白色的色粉。然后就可以继续上色，但是如果刚开始的时候不太熟练，就必须一层层地刷上颜色。若是给淡色的花瓣上色，不必用太多颜色，只需用稍微深一点的颜色镶边，这样的花瓣看起来轻盈又精致。如果条件允许的话，尽量在多余的干糖膏上练习配色。至于叶子，我会用最爱的绿色给它们整体上色，使颜色看起来清新又饱满。

花粉

我们会用"花粉"来给花蕊的顶端刷上颜色，使它看起来更加逼真。它可以由无味的明胶和色粉混合而成。在明胶里，每次加入半汤匙色粉，直到变成所需的颜色（图 2 和图 3）。

蒸花 & 上釉

用蒸汽轻柔地蒸一下花和叶子，让颜色能够牢牢地粘附其上，防止它散落到蛋糕上。色粉将不再干燥，颜色逐渐混到一起，仿佛水彩。蒸过之后色粉的颜色会稍微变深，在上色时要注意这一点。把花放在离蒸汽口至少 15cm 远，持续转动，防止某一处吸收水蒸气过多（图4）。每次蒸几秒，直到花朵看起来不那么干，蒸的时间也不要太长，不要看起来太湿。蒸太长时间会导致花朵变软，就如同凋谢了一般。在使用之前要将蒸过的花和叶子完全晾干。

上光的釉料能够让你的叶子看起来更加光亮。在叶子上色，蒸过并晾干过后，每次取少量的釉料，用刷子在上面刷上薄薄的一层。如果你不希望叶子颜色太亮，可以将酒精和釉料按 1:1 稀释。在不同的天气条件下，干燥的时间不同。天气越潮湿，所需的干燥时间越长。市面上釉的品种很多，有的釉料需要多上一层才能达到理想的效果。如果想要一个哑光或者天鹅绒的叶面，那不需要上釉，只需蒸一下即可。

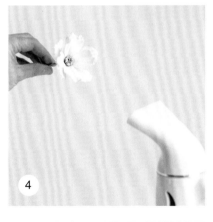

绣球花

　　我在本书的开头首先提及绣球花，是因为它们是蛋糕设计中的必要元素之一。绿色的绣球花是我们最喜欢的颜色，因为它能给蛋糕设计增加清新感，使柔和的花朵颜色更加的时尚，但是你也可以去尝试紫色、蓝色、粉色和白色的绣球花。制作花束时，可以用两种方法将花束晾干：第一种，将花束倒挂在架子上，使花朵更加紧凑；第二种，将花束正面朝上插入杯中，使花朵更加分散。紧紧靠在一起的绣球花朵，适合用在排列紧凑的蛋糕设计上。

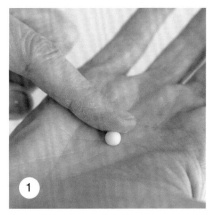

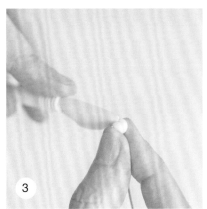

你需要的特殊工具

· 绣球花切模（Cakes by Design 品牌）
· 绣球花单面纹路模（Cakes by Design 品牌）
· 绣球花叶切模（Cakes by Design 品牌）
· 绣球花叶单面压纹模（Cakes by Design 品牌）
· 26g 绿色铁丝
· 刀具
· 花朵浅杯形塑形器
· 挂架
· 泡沫鸡蛋托
· 猕猴桃绿色粉
· 苔藓绿色粉
· 水仙花色粉
· 粉紫色粉
· 上光釉料
· 白色糖膏
· 绿绣球花色糖膏（鳄梨绿和柠檬黄食用色素）
· 叶子色糖膏（苔藓绿和鳄梨绿食用色素）

制作花心

1. 取直径为 4mm 的白色糖膏揉搓均匀。

2. 将糖膏粘到 26g 弯过钩的绿色铁丝顶部（见准备工作）。

3. 用小刀在糖膏团上划出一道凹口，将花心变成两瓣。

4. 继续划两道凹口，把花心分成均匀的四瓣。

5. 为每朵绣球花都做出一个花心，将它们完全晾干。

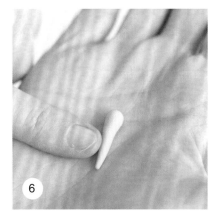

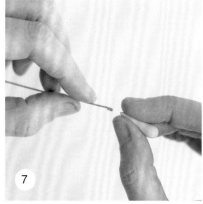

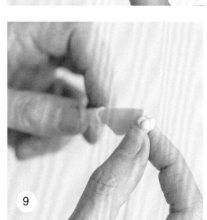

制作花苞

6. 取出一小块直径为 5mm 的浅绿色糖膏，将底部搓成锥形，顶部保持球形。

7. 将 26g 弯好钩的绿色铁丝插入花苞中央，直至顶部。

8. 用手指将花苞的底部向下揉搓，直至花苞的长度为 2~2.5cm。

9. 用小刀将花苞的顶部均匀分为 4 瓣，方法可见绣球花心的制作。

10. 为了呈现更好的视觉效果，花苞的尺寸可以大小不一，但是尽量做得比较小，并保证其完全晾干。

制作花朵

11. 将淡绿色糖膏揉匀擀成厚度为 2mm 的薄皮，必要时将薄皮密封防止它干得太快。用绣球花压纹模在薄皮上均匀地压出花形。

12. 将绣球花切模对准花形，裁剪出绣球花瓣，然后将花瓣密封防止干得太快。

13. 一次做 3~4 朵绣球花并将它们放至泡沫板上，用塑性球棒将花瓣边缘擀薄。如果想要花瓣边缘变得更皱，可以擀得用力一些。

14. 在花心的底部粘上少许糖胶。

15. 将带有花心的铁丝插入绣球花的中心，然后拉下。

16. 轻轻地将花心粘在花朵中心。

17. 把花倒过来，用指间压住花的底部，使花心和花朵粘得更加牢固。

18. 将大部分的花倒挂着晾干，这样可以使花瓣更加紧凑。

19. 将一部分的绣球花瓣正面朝上放入浅杯形塑形器，可以创造出更好的视觉效果，也能够使花瓣之间相互叠压。

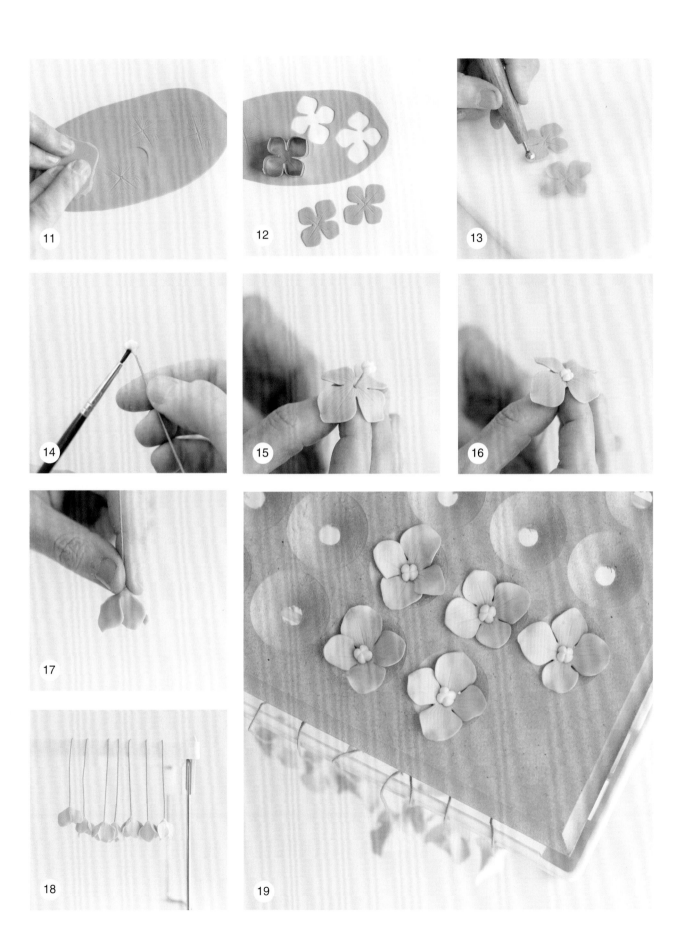

小贴士

把绣球花和花茎扎成花束时，尽量高低错落，这样会显得更加自然。

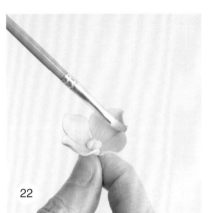

给花苞和花朵上色

20. 给整个花苞刷上一层猕猴桃绿。

21. 从边缘向中心给绣球花刷上一层猕猴桃绿，要注意不要让绿色染上白色的花心。

22. 按你自己的喜好，也可以在花边上任意地刷上一点彩色的粉。

23. 闭合型的绣球花紧紧依偎在一起，张开的绣球花瓣则增添了些许魅力和立体感。

制作叶子

24. 在花茎板上将绿叶色的翻糖膏擀至厚度约为 2mm 的薄皮。

25. 用绣球花叶压纹膜均匀地按压翻糖，并将叶子中心对准，按在花茎板的凹槽之上。

26. 将切模对准糖膏，切出一个绣球花叶子。

27. 将 26g 绿色铁丝顶部沾上糖胶。将其插入叶子背部的叶茎中，深度约为 2.5cm（见准备工作）。

28. 用手捏一捏铁丝插入的地方，确保铁丝和叶子充分粘在一起。

29. 在泡沫板上用塑形球棒将叶子背面的边缘部分擀薄。如想要使叶边更加具有波浪感，加大擀压力度即可。

30. 将叶子正面朝上，放在泡沫板上至其充分晾干。

31. 给叶子顶部染上苔藓绿，注意不要染到叶子的下部分。

32. 用黄色粉和猕猴桃绿色粉在叶子上随意地点上几点。

33. 在叶边随意地染上一点粉色。

34. 将叶子蒸上几秒，使颜色牢牢地附着其上，然后将其晾干（见准备工作）。

35. 根据你的需要，可以在叶子顶部刷上一层薄薄的上光釉料，使叶子看起来更加闪亮。用之前要确保叶子充分晾干。

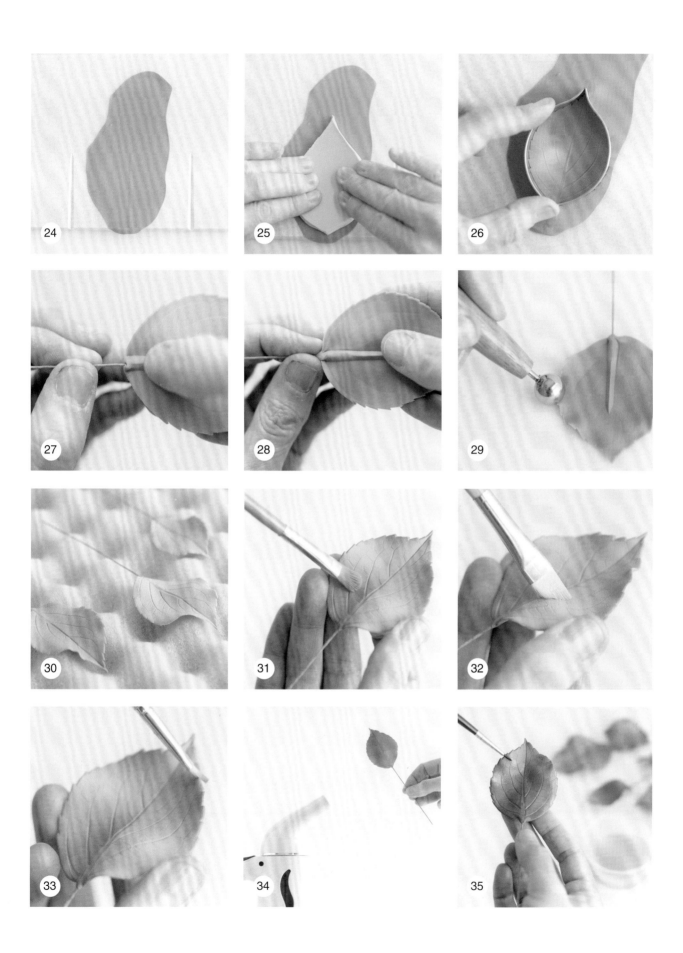

备用叶子

漂亮的叶子适合用来做装饰，给花朵和蛋糕设计增添活力。这里介绍的叶子是我们经常要用到的。不要担心是否你所有的花都能够找到合适的叶子。一般情况下我会先做出一批备用的绣球花、玫瑰花和牡丹花叶子，然后需要的时候再做出其他特定的叶子。制作绣球花叶子，要按照擀糖膏，切出叶子模型和插铁丝的步骤，但是将其晾干备用之前，要把叶子放到硅胶叶脉压纹模中压出纹路。

精致的叶子（图1）
· 苔藓绿糖膏 /26g 铁丝
· 毛茛花叶子切模（Scott Woolley 品牌）
· 硅胶玫瑰花叶压纹模（SK Great Impressions 品牌）
· 苔藓绿色粉
· 蒸花及上釉，完成制作

丁香叶（图2）
· 鳄梨绿糖膏 /26g 铁丝
· 3.5cm×4.5cm 的玫瑰花瓣切模
· 多功能压纹模（Sunflower Sugar Art 品牌）
· 猕猴桃绿色粉
· 蒸花及上釉，完成制作

山茶花叶（图3）
· 苔藓绿及森林绿糖膏 /26g 铁丝
· 用切割轮切出叶子形状（见模型）
· 硅胶山茶花叶脉压纹模（SK Great Impressions 品牌）
· 苔藓绿色粉
· 蒸花及上釉，完成制作

甜豌豆花叶（图4）
· 鳄梨绿糖膏 /28g 铁丝
· 槲寄生叶切模（Scott Woolley 品牌）
· 多功能压纹模（Sunflower Sugar Art 品牌）
· 猕猴桃绿色粉
· 蒸花及上釉，完成制作

绿植（图5）
· 苔藓绿糖膏 /28g 铁丝
· 用切割轮切出叶子形状（见模型）
· 多功能叶垫（First Impressions Molds 品牌）
· 苔藓绿色粉
· 蒸花及上釉，完成制作

木兰花叶（图6）
· 将苔藓绿（叶子顶部使用）和黄棕色糖膏（叶子下部分使用）在花茎板上揉匀 /24g 铁丝
· 用切割轮切出叶子形状（见模型）
· 木兰花叶脉压纹模（First Impressions Molds 品牌）
· 苔藓绿色粉
· 蒸花及上釉，完成制作

樱花叶和苹果花叶（图7）
· 苔藓绿糖膏 /28g 铁丝，用于制作樱花叶
· 鳄梨绿糖膏 /28g 铁丝，用于制作苹果花叶
· 小型多功能叶子切模和压纹模（Scott Woolley 品牌）
· 苔藓绿糖膏用来制作樱花叶，鳄梨绿糖膏用来制作苹果花叶
· 蒸花及上釉，完成制作

大丽花叶（图8）
· 苔藓绿和黄色糖膏 /26g 铁丝
· 绣球花叶子切模（Scott Woolley 品牌）
· 用小剪刀在叶子边缘剪出 V 型缺口
· 硅胶栀子花叶脉压纹模（First Impressions Molds 品牌）
· 苔藓绿和猕猴桃绿色粉
· 蒸花及上釉，完成制作

玫瑰花叶（图9）
· 苔藓绿糖膏 /26g 铁丝
· 大号和小号玫瑰花叶切模（Scott Woolley 品牌）
· 硅胶玫瑰花叶脉压纹模（SK Great Impressions 品牌）
· 在叶子上染上苔藓绿色粉
· 在叶脉中心和叶子边缘染上冬青花色粉
· 蒸花及上釉，完成制作

牡丹花叶（图10）
· 苔藓绿和森林绿糖膏 /26g 铁丝
· 用切割轮切出叶子形状（见模型）
· 牡丹花叶脉压纹模（Sunflower Sugar Art 品牌）
· 苔藓绿和冬青花色粉
· 蒸花及上釉，完成制作

* 小贴士：下载全尺寸的叶子模板请登陆 http://ideas.sewandso.co.uk/patterns.

填充花花苞和叶子

在糖花蛋糕的制作中，我们最爱用这些开放的小花朵和百搭的花苞，因为它们适用于各种搭配。白花瓣和淡黄花心的花朵最为百搭，但在蛋糕设计中，你也可以把花做成你想要的任何颜色，去搭配其他的花朵。

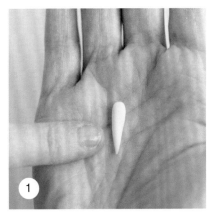

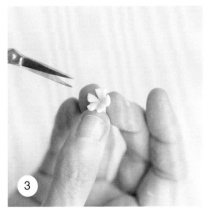

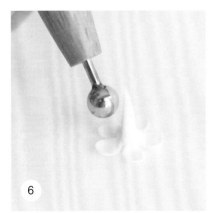

你需要用到的特殊工具

·圆锥头塑形棒
·刀具
·小剪刀
·26g 绿铁丝
·28g 绿铁丝
·30g 绿铁丝
·22g 绿铁丝
·猕猴桃绿色粉
·苔藓绿色粉
·少量柔软的蛋白糖霜（柠檬黄食用色素）
·小号裱花棒（或裱花袋）
·白色糖膏
·绿色糖膏（苔藓绿食用色素）

制作花朵

1. 取少量糖膏，揉成宽 5mm，长 2.5cm 的圆锥形。

2. 用圆锥形塑形棒在糖膏顶部戳出一个 5mm 深的小洞。

3. 用小刀将开口均匀地剪成五瓣，做出花瓣。

4. 用你的手指轻轻地将花瓣的方角揉成圆边。

5. 用拇指和食指将花瓣轻轻压平。

6. 将花倒放在泡沫板上，用塑形球棒逐个按压花瓣，压出浅浅的半圆。

7. 用 26g 带弯钩的铁丝穿过花心，将铁丝下拉直至完全没于花心之中。

8. 轻轻地按压花瓣底部，让其和铁丝紧紧粘在一起。将花插在泡沫板上，让它充分晾干。

9. 取少量蛋白糖霜，将其染成黄色后放入裱花袋。用剪刀在裱花袋的顶端剪出一个小口，向花心中注入糖霜，遮住铁丝顶端。使用前确保其充分晾干。

制作填充花花苞

10. 取直径为 4mm 的白色糖膏揉搓均匀。将糖膏粘到 26g 弯过钩的绿色铁丝顶部（见准备工作）。

11. 用小刀在花苞顶部均匀地划出 3 道凹痕，使其晾干。在花苞底部涂上一圈猕猴桃绿色粉，蒸一下使它充分染色。

制作叶子

12. 取直径为 4mm 的绿色糖膏揉成圆锥形，将其插入 30g 顶部有弯钩的铁丝，圆锥的尖端朝上。用手指将糖膏压平。

13. 将叶子置于泡沫板上，用手指按压铁丝两侧糖膏，使中间的铁丝凸起成为叶茎。

14. 用塑形球具将铁丝两侧的糖膏擀成叶子的形状，捏出叶子的尖端，制作完成之后充分晾干。

15. 给叶子涂上苔藓绿色粉，然后可以再刷上一层薄薄的上光釉料，使叶子看起来更加闪亮。使用之前要确保其充分晾干。

制作百搭的花苞

16. 取直径为 1cm 的白色糖膏揉成短粗的圆锥形，将它粘在 22g 顶部有弯钩的铁丝上。

17. 用刀具将花苞由下至上划出 3 道凹痕，分成均匀地 3 部分，再将其充分晾干。

18. 沿着凹痕由下至上涂上猕猴桃绿色粉。蒸上几秒使其着色，使用前确保其充分晾干。准备不同大小的白花苞和绿花苞。

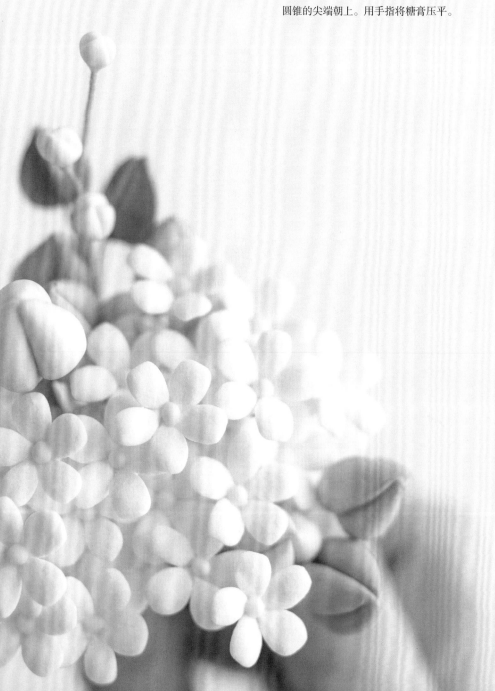

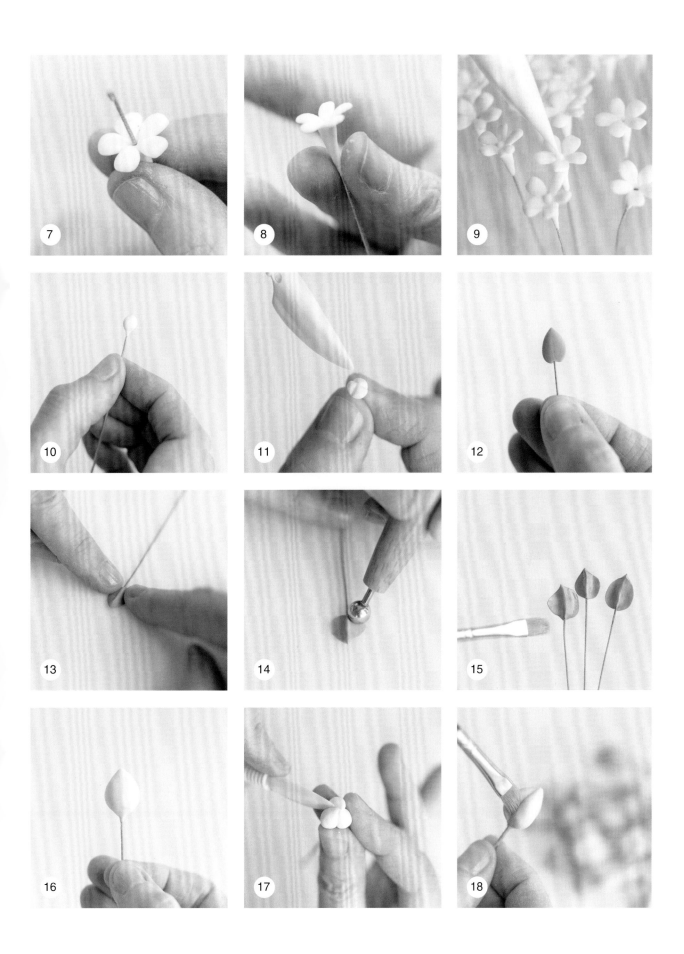

各种花朵的制作

海葵花

　　海葵花因为其精致的花瓣和独特的黑色花心深受大家喜爱，我们也喜欢用清新淡雅的海葵花来搭配绿植。花瓣置于浅杯形塑形器中晾干，这样容易使花朵最终一层一层地叠压在一起。另一种方法就是，将花朵平摊着晾干，形成如下图所示的盛开的海葵花，而且可以用它们来填补其他花朵之间的空白或者直接层层排列在蛋糕的侧面。

你需要用到的特殊工具

· 黑色混合花粉（见准备阶段）
· 打过蜡的牙线
· 小号玫瑰花瓣切模，3cm×3.5cm（Cakes by Design 品牌）
· 大号玫瑰花瓣切模，3.5cm×4.3cm （Cakes by Design 品牌）
· 玫瑰花瓣压纹模（SK Great Impressions 品牌）
· 黑色双头雄蕊（圆头，折叠头或平头）
· 浅杯塑形器（苹果托盘）
· 花艺纸胶布（绿色）
· 20g绿色铁丝
· 30g白色铁丝
· 白色糖膏
· 黑色糖膏（纯黑食用色素）

制作花心

1. 取一小块直径为 8mm 至 1cm 的黑色糖膏球揉搓均匀，将它粘在 20g 顶部有弯钩的铁丝上（见准备工作）。

2. 用手指轻轻按压糖膏球的底部，让它稍微有点 V 形，并充分晾干。

3. 用糖胶或叶釉涂满整个球面，整个放入黑色混合花粉中。将多余的花粉掸下，在加雄蕊之前保证其完全晾干。

4. 将 20 个双头雄蕊从中间对折，再将长 15cm 的白色铁丝从中间折弯，相互交叉紧紧勾在一起，把与雄蕊连接处的铁丝扭几下，保证将雄蕊牢牢固定在铁丝上。根据花朵所需的开放程度，制作 4~5 束雄蕊。

5. 用打过蜡的牙线在松垮的花茎底部缠绕几圈，然后将做好的雄蕊花束添加在海葵花花心上，在添加下一束雄蕊之前，轻轻地在花朵中心的底部缠上 3 圈牙线。按此步骤，添加完剩下的雄蕊束，保证每一束都牢牢缠在花心周围，并且相互之间留有空隙，尽力保证工整。

6. 在所有的雄蕊束添加完成之后，用花艺纸胶布将雄蕊底部完全缠绕，形成一个花茎。用手指对雄蕊进行调整，使它们看起来整齐均匀地围绕着花心。

制作花瓣

7. 制作小花瓣，需要在花茎板上将白色糖膏揉薄，用花瓣切模切下一个尺寸为3cm×3.5cm的玫瑰花瓣。

8. 给30g的白色铁丝粘上糖胶，将其插入花瓣背部压出的花茎中，深度为1cm，使花瓣底部与铁丝紧紧粘在一起（见准备工作）。

9. 在泡沫板上，用塑形球具将花瓣边缘擀薄，在花瓣中心擀2~3下，使其变长。

10. 将带有铁丝的花瓣用压模压出纹路。

11. 在泡沫板上，用塑形球具在花瓣背面的边缘处擀几下，制造出波浪感——微微的波浪感即可，不宜过度。

12. 将花瓣正面朝上，放在苹果托盘或其他浅杯形塑形器上晾干。每朵花准备5~6个小花瓣即可。

13. 制作大花瓣时，以同样的方式固定好铁丝，用3.5cm×4.3cm的玫瑰花瓣切模切出花瓣。这一次，用塑性球具多擀几下使花瓣变长变宽。将花瓣放在压模上压出纹路，再用塑形球具在花瓣背部的边缘部分擀几下制造出波浪感，然后把花瓣放在塑形器上晾干。每朵花准备6~7个大花瓣即可。

14. 大小花瓣相互搭配，可以使海葵花看起来更加自然，带给人更佳的视觉体验。

制作海葵花

15. 用半宽的花艺纸胶布（见专业工具和材料）先将小花瓣与雄蕊从底部开始紧紧缠绕在一起。

16. 继续将所有的小花瓣缠在同一高度上，使它们间隔均匀地围绕在雄蕊周围。

17. 接下来开始添加大花瓣，直接将它们固定在小花瓣的下一层。

18. 轻轻地将海葵花蒸几秒（见准备工作）。在使用之前确保其完全晾干。

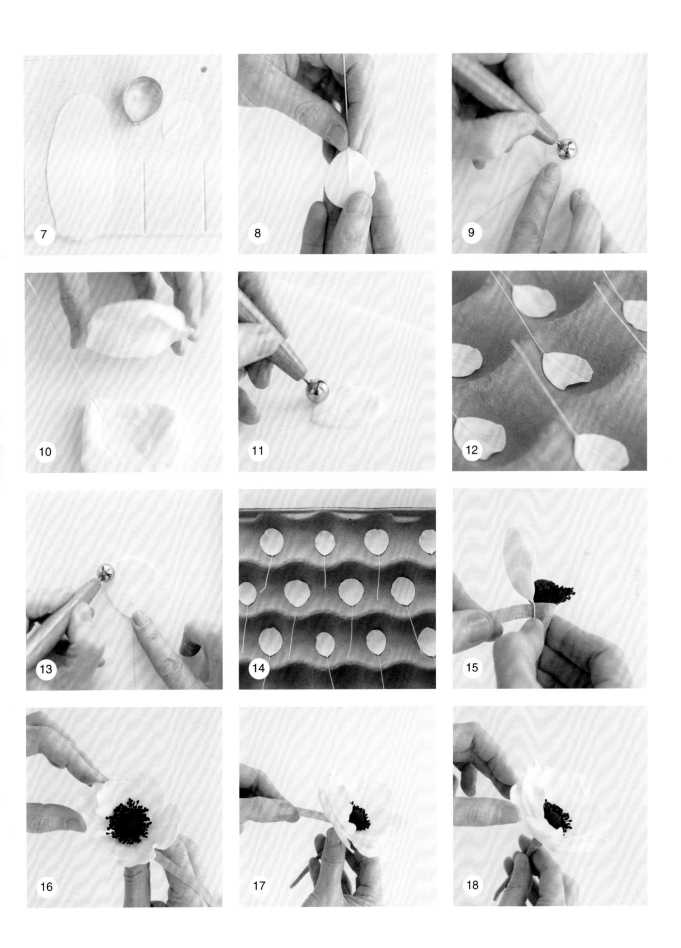

山茶花

　　相比于玫瑰来说，山茶花更加清新淡雅，花瓣虽多，但制作花朵时不必过分强调花瓣排列的工整。花朵颜色有白色、浅粉色、暗粉色和大红色，由浅及深应有尽有，它们也是香奈儿时装商店标志性的图标设计。在这里我将给大家介绍如何制作一个盛开的山茶花，这种花极适合装饰在小蛋糕或者单层蛋糕的顶端，非常醒目。如想要把它应用在蛋糕设计中，只需悬挂晾干成型，即可用于搭配其他花朵。

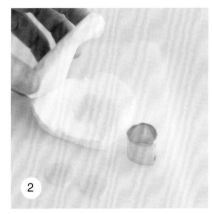
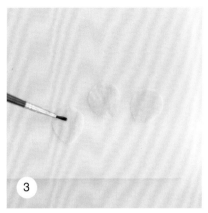
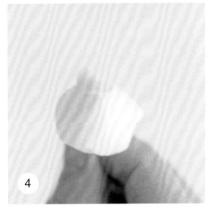
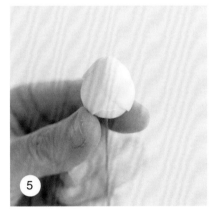

你需要用到的特殊工具

· 每个花苞和花朵需要一个小号泡沫花苞（2cm 高）
· 5 种尺寸的玫瑰花瓣切模：1cm × 1.5cm，2cm × 2.3cm，2.3cm × 2.5cm，3cm × 3.5cm，3.5cm × 4.3cm（Cakes by Design 品牌）
· 花瓣纹路压模（SK Great Impressions 品牌）
· 小剪刀
· 20g 绿色铁丝
· 22g 绿色铁丝
· 波斯菊粉色粉
· 猕猴桃绿色粉
· 浅粉色糖膏（粉色食用色素）
· 绿色糖膏（苔藓绿和柠檬黄食用色素）

制作花朵

1. 给一个泡沫花苞（高 2cm）底部涂上胶水，粘到 20g 绿色铁丝上，使其充分晾干。

2. 将浅粉色的糖膏揉薄，用切模切出 3 片尺寸为 2cm × 2.3cm 的花瓣，把它们放在泡沫板上，用塑形球棒将花瓣的边缘擀薄，然后在压模中压出花瓣的纹路。

3. 在所有花瓣的表面涂上一层糖胶。

4. 将花瓣粘到泡沫花苞上，一瓣瓣紧紧地盘旋在一起，确保能够遮住泡沫花苞顶部。

5. 轻轻地将花瓣压平压紧，形成一个完整的花苞。

6. 切出 3 片尺寸为 2.3cm × 2.5cm 的花瓣。把它们放在泡沫板上，用塑形球棒将花瓣的边缘擀薄，然后在压模中压出花瓣的纹路。再用塑形球棒将花瓣的里层压出浅浅的半圆形。将每片花瓣外边顶部的中间拧尖。

7. 给花边里层的下半部分涂上糖胶，将花一瓣瓣地粘在上一层的两个花瓣之间，这样的花瓣看起来就像在微微开放。

8. 用同样的方法再准备 3 个相同大小的花瓣（见第 6 步），将花瓣依次粘在上一层的两个花瓣之间，比之间的花瓣要更开一些。

小贴士：

我们可以多看看山茶花的照片，来寻找花瓣摆放的灵感，了解花瓣的开放程度。有的山茶花花瓣很紧凑，有的相对松散。

9. 以相同的方法准备 6 个 3cm × 3.5cm 的花瓣，并将它们粘在花心的周围，有的粘得均匀一些，有的分开一些，这样花瓣的交叠效果会更好。再准备第二套同样尺寸的 6 个花瓣。

10. 以相同的方法准备六个 3.5cm × 4.3cm 的花瓣，并将它们粘在花瓣底部的周围。

11. 如果想要制作有小凹口的花瓣，就先用剪刀在花瓣顶部的中心位置剪出一个圆润的小 V 形，再将花瓣压出纹路，并用塑形球棒在花瓣的内侧压出浅浅的半圆形。

12. 按照第 11 步的方法准备 6 个 3cm × 4.3cm 有顶部凹口的花瓣，并将它们粘在花瓣底部的周围。

13. 晾干山茶花时，可以在每层花朵之间放上几张小纸巾或者小块的泡沫垫来制作想要的间隔，给花朵定型。可以将花朵轻轻地放在泡沫平板上，正面朝上晾干；也可以悬挂花朵来晾干，使花朵盛开的幅度更小一些。要确保花朵充分晾干。

14. 花朵制作完成以后，取下所有的小纸巾或者泡沫垫。给每片花瓣的边缘都刷上淡粉色，轻轻地蒸上几秒让花朵充分着色（见准备工作）。使用花朵之前确保充分晾干。

制作花苞

15. 给一个小号泡沫花苞（跟花心的尺寸一样）底部涂上胶水，粘到 22g 绿色铁丝上，使其充分晾干。以制作山茶花的方法先做出 3 片花瓣。将花瓣粘到泡沫花苞上，一瓣瓣紧紧地盘旋在一起，确保能够遮住泡沫花苞顶部。

16. 然后做 3 个 2.3cm × 2.5cm 的花瓣，用塑形球棒把每个花瓣的中心擀长一点，再把它们放到压模上压出花瓣纹路。给花瓣的整个表面涂上糖胶，然后对准上一层花瓣的位置粘上去，注意要比上一层稍低一点点。用手指轻轻按压，使花瓣粘得更牢。

17. 接下来是制作花萼，取绿色糖膏揉薄，切出 6 个 1cm × 1.5cm 的糖膏。用塑形球棒把它们擀薄并在所有萼片的表面涂上糖胶。把萼片分为两层粘到花苞上，每层 3 片。第二层萼片粘在第一层萼片的两片之间，比第一层的位置要稍低一点。

18. 为了让花苞跟花朵更配，我们要把山茶花苞刷成淡粉色，花萼刷成猕猴桃绿。同样的要蒸上几秒让它充分着色。使用前确保其完全晾干。

小贴士：

根据需要，可以整朵花都用带有小凹口的花瓣。

樱花 & 苹果花

　　粉色、白色、巧克力色翻糖樱花，显得小巧、精致又可爱，怎么能不让人喜爱呢？樱花不仅可以单独做成一小束花，用作填充花也非常适合。让我们一起来多做点小花苞吧，它们做起来方便快捷，而且令人喜爱。

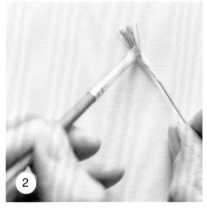

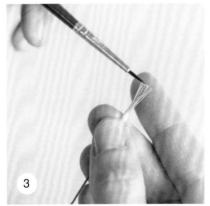

小贴士：

　　如果时间较紧张，可以直接用粉色棉线代替白线来制作花蕊，这样就可以跳过染色的步骤。如果想要做得更逼真一些，可以用紫红色的棉线来制作花蕊。

你需要用到的特殊工具

·黄色混合花粉（见准备工作）
·泡沫板（花茎板）
·五瓣花切模，直径为 3cm（Cakes by Design 品牌）
·棉线（白色）
·花萼切模 1.5cm（Orchard Products 品牌）
·26g 绿色铁丝
·28g 绿色铁丝
·泡沫蛋托
·JEM 纹路棒
·叶子塑形棒
·花艺纸胶带（白色）
·品红色粉
·波斯菊粉色粉
·猕猴桃绿色粉
·淡粉色糖膏（粉色食用色素）
·绿色糖膏（鳄梨绿和柠檬黄食用色素）

制作花心

1. 将棉线绕四指 15 圈，拿剪刀从中剪断变成一长条，再将长条剪成几个 2.5cm 长的小线段。用白色的半宽花艺纸胶布把其中一个 2.5cm 长的线段粘到一个 26g 绿铁丝上（见准备工作），再将铁丝上方露出的棉线修剪至 1cm 长。

2. 给棉线以及底部胶带刷上品红色粉。再以同样的方法处理剩下 2.5cm 长的小线段。

3. 在线段的顶部涂上糖胶。

4. 把棉线的顶部蘸上黄色混合花粉（见准备工作），让其充分晾干。

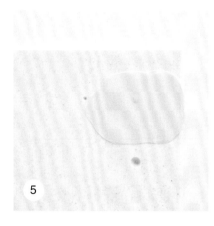
5

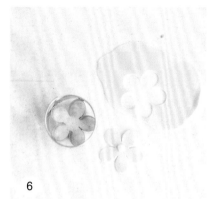
6

7

制作第一层花瓣

5. 取淡粉色糖膏揉搓，把它压平在花茎板上的中号小洞上。

6. 取下糖膏，把它在平板上翻个面，切出花朵的形状。

7. 在泡沫板上用塑形球棒轻轻擀压花瓣，把每个花瓣拉伸 5mm。

8. 用 JEM 纹路棒从花的中心至花瓣边缘压出纹路。

9. 用剪刀在每片花瓣外边缘的中心部分剪出一道 3mm 长的小口子。

10. 将花放在泡沫板上，用塑形球棒将花瓣的边缘擀薄，再用叶子塑形棒的宽头部分在每个花瓣上压出两个凹槽。

11. 在花的中心上涂上一点糖胶。

12. 将提前做好的花心由上至下从花的中间部分穿过，直至露出的胶带长度为 3mm，像折叠纸巾一样将花瓣的底部捏到一起，遮住胶带。

13. 轻轻地捏住花朵底部的糖膏，让它和铁丝紧紧地粘在一起。用剪刀剪去多余的糖膏，留下 5mm 长的花托。

14. 将花瓣正面朝上置于蛋托里晾干，让第一层花瓣微微开放。在加第二层之前确保花朵充分晾干。

制作第二层花瓣

15. 将淡粉色的糖膏揉至 2mm 厚，切出花朵的形状。

16. 像做第一层花瓣那样，擀压拉伸花瓣并压出纹路，在花瓣边缘的中心剪出一道口子，在泡沫板上将花压出浅杯形，再将花瓣边缘制造出波浪感。在花瓣的中心粘上一点糖胶。

17. 将花由下至上插入铁丝至第一层花瓣的下方，注意要和第一层相互交错，营造出层次感。悬挂晾干。

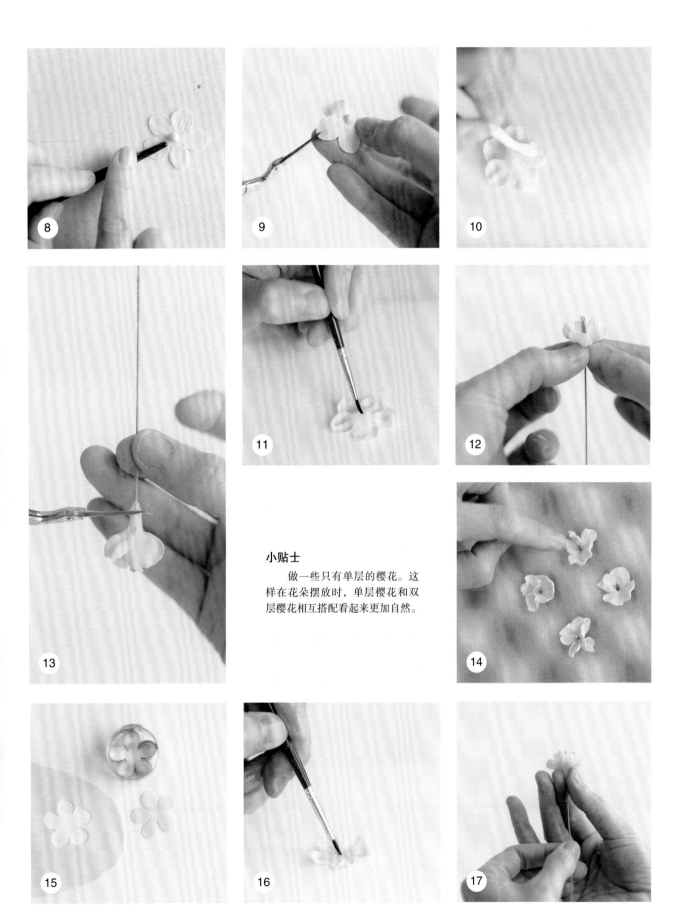

小贴士

做一些只有单层的樱花。这样在花朵摆放时，单层樱花和双层樱花相互搭配看起来更加自然。

制作花苞

18. 取一小块糖膏揉成直径 8mm 到 1cm 的小圆球,并把它粘到 28g 顶部有弯钩的铁丝上(见准备工作),充分晾干。

19. 将淡粉色的糖膏揉至厚度为 2mm,切出花朵的形状。压出花瓣的纹路,并用塑形球棒将每片花瓣的中心压出浅杯形,在每朵花瓣上涂上糖胶。

20. 将花由下而上穿过铁丝至花苞下面,将花瓣一片一片地包裹住花苞,轻轻地按压花瓣,直到每片花瓣都粘到花苞上。用手指将花苞上突出的部分都压平,使整个花苞圆润且光滑。

21. 根据需求,可以把花苞做得更大一些,只需要外面再添上第二层花瓣,但是要保持一些花瓣微微张开。

小贴士:

苹果花也可以用同样的方法制作出来,只需要用白色糖膏制作花朵和花苞,用白线做花蕊,在中心刷上猕猴桃绿色粉,最后在花朵的边缘和花苞的中心刷上一点淡紫色。

制作花萼

22. 将绿色糖膏揉薄至 2mm,切出花萼的形状。

23. 在泡沫板上每次做出 3 个花萼,用小号的塑形球棒加宽花萼的每个部分。

24. 将每片花萼的顶部拧尖。

25. 在花萼的中心涂上糖胶,由下而上穿过铁丝粘到花朵以及花苞的下方。让它们充分晾干。

给花苞和花朵上色

26. 在花朵的中心刷上品红色,在边缘刷上波斯菊粉。给整个花苞刷上波斯菊粉,最后在花苞的顶部微微刷上几下品红色粉。

27. 将花萼以及花朵的根部刷上猕猴桃绿色粉。轻轻蒸上几秒让花充分着色(见准备工作),使用前确保充分晾干。

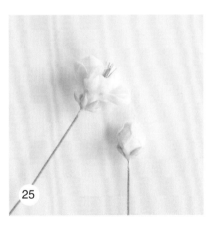

小贴士：

如果没有时间制作花萼，只需要简单地在花苞和花朵的根部刷上黄绿色即可，使用之前蒸一下，让它充分着色。

波斯菊

　　波斯菊之所以美得令人无法抗拒，是因为它花色各异，从深深的紫红色和品红色，到淡淡的粉色和纯白色，应有尽有。精致明亮的黄色花心使花的色彩更加清新怡人。波斯菊是百搭的铁丝花，在设计时，可以用一大束波斯菊作为主花，也可以把波斯菊当作填充花，搭配在你喜欢的其他花的旁边。

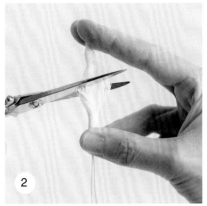

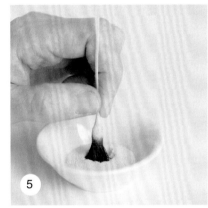

你需要用到的特殊工具

· 黄色的混合花粉（见准备工作）
· 结实的白色涤纶线
· 波斯菊花瓣切模，2.5cm×1.5cm 和 2.5cm×4cm（Global Sugar Art 品牌）
· 波斯菊花瓣压纹模（Sunflower Sugar Art 品牌或 Sugar Art Studio 品牌）
· 30g 白色铁丝
· 24g 绿色铁丝
· 花艺纸胶布（白色和绿色）
· 德雷斯顿塑形工具
· 刀具
· 额外的刀片 / 刀具，用作模板（或制作相似的东西）
· 紫红色粉
· 波斯菊粉色粉
· 猕猴桃绿色粉
· 白色糖膏
· 浅粉色糖膏（粉色食用色素）

制作花心

1. 将结实的涤纶线缠绕在伸开的四根手指或者是一个长 13cm 的纸板上，制作出一个长 13cm 的线圈。将线圈拧成一个"8"字形，对折成一个厚度是之前 2 倍的小的线圈。将一根长 15cm 的 30g 白色铁丝穿过线圈的中心，就着线圈的一端对折铁丝，将铁丝两端就着线圈互相缠绕拧紧，再加入一根铁丝在线圈的另一端重复此操作。用半宽的白色花艺纸胶布缠绕在底端拧紧的铁丝上，并继续向上缠住 5mm 线圈即可，被缠成一束的线圈看起来就像"扫帚"的底部，同样上端的铁丝也需要进行此操作。

2. 将线圈沿中间剪断，制作出两个花心。修剪剪过后的线圈，使其高度为 8mm，顶部平整。

3. 将线及线下的部分花艺纸胶布染上紫红色的色粉。

4. 用小刷子在线的顶部点一些上光釉料。

5. 给花心的顶部粘上一些黄色混合花粉（见准备工作），为了确保上色均匀需使劲按压。

6. 用画笔的底部将上色后的线分开一点，以便能看见一点黑色的线。在使用之前确保花心完全晾干。

制作花瓣

7. 在花茎板上将淡粉色的糖膏揉至 2mm 的薄片，长度要超过花茎板上凹槽的上部。

8. 轻轻将糖膏从花茎板上拿下来，放至花茎板上光滑的部分。用 2.5cm×1.5cm 大小的花瓣切模切出花瓣。

9. 将 10cm 长的 30g 白色铁丝粘上糖胶，插入 1cm 至凹槽之中。轻轻按压确保铁丝牢牢地粘在糖膏上，并且不改变叶子底部的形状（见准备工作）。

10. 在泡沫垫上，把花瓣边缘擀薄，再用球形塑形棒将花瓣轻轻向上多擀几下，使其增长大约 5mm。

11. 将花瓣带有凹槽的一面向下放在叶脉压模上压出纹路。

12. 用小号球形塑形棒轻轻在花瓣背部的边缘部分做出褶皱感。

13. 用德雷斯顿塑形工具的较小一头，随意地在花瓣顶部的边缘部分划 3~4 下，制造出几处脊状突起。

14. 把花瓣正面朝下放在刀片造型工具的手柄上晾干，将底部 1/5 的花瓣放在手柄上，捏一捏底部使其变得圆润，并保持其他花瓣尽可能平整。

15. 制作 4 个这样的花瓣，作为花的内层花瓣。

16. 重复以上的花朵制作过程，在制作花朵的外层花瓣时，要用 2 个花瓣切模的组合装置，把所有外层花瓣都平放着晾干，而不是用球形塑形棒将花瓣做成弯曲状态。制作一般的花，只需用 4 个外层花瓣，如果想让花看起来更饱满，则需用 5 个外层花瓣（如图所示）。

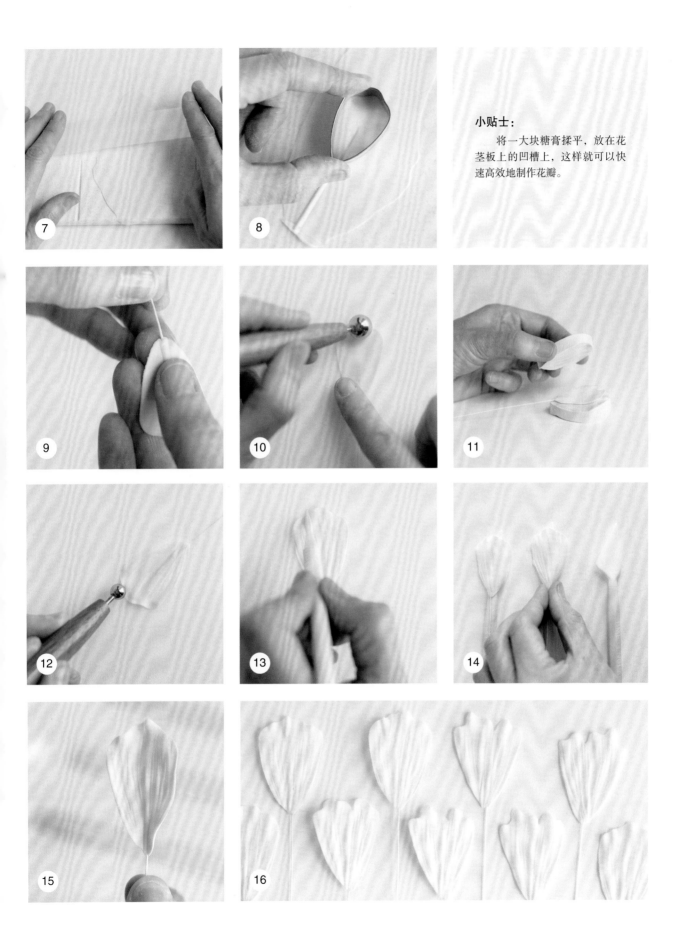

49

染色及制作波斯菊

17. 用一个小的平头刷,沾上一点中等色调的波斯菊粉色的色粉染在花瓣边缘部分,花瓣中心保持原样。如果花瓣内部可以被看出来,则在花瓣背部的上部分加一些糖膏。

18. 用绿色的半宽花艺纸胶布将第一层内花瓣粘附在花心上,把花瓣的浅杯底部紧紧贴在制作花心的线上,花瓣的底部紧紧地靠在缠绕花茎的白色花艺纸胶布上。

19. 把剩下的3个内层花瓣按照同样的步骤缠绕在花心周围,使它们处在同一高度上,而且相互之间的间隔均匀。

20. 将外层花瓣放在内层花瓣的下方,穿插在上部内层花瓣之间的间隙中。外层花瓣放置时要尽量使其与内层花瓣高度持平。如果花瓣明显高于其他花瓣,则在缠绕胶布之前,稍微向下移动一点,使花瓣层更均匀。

21. 将其他的几个花瓣按照同样的方法进行缠绕,而且相互之间间隔均匀。把花艺纸胶布继续沿铁丝向下缠绕,形成一个花茎。

22. 轻轻地将花蒸几秒,使色粉牢牢粘附其上(见准备工作)。使用之前确保其充分晾干。

制作花苞

23. 把直径约为8mm的白色糖膏球揉至直径为1cm。将糖膏工整地粘附在顶部有弯钩的铁丝上。

24. 用刀具在糖膏球上由上至下划出5个凹口,使其完全晾干。

25. 给花苞底部染上一些猕猴桃绿色粉,花苞顶部染上一些淡粉色粉来搭配花朵。轻轻地将花蒸几秒,使色粉牢牢粘附其上。使用之前确保其充分晾干。

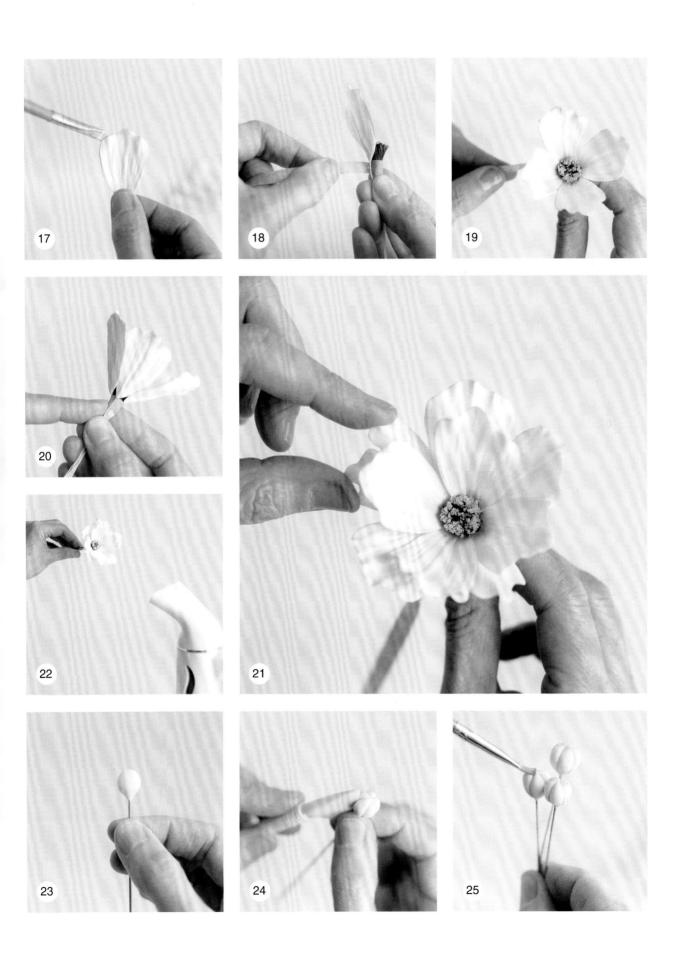

大丽花

　　令人惊奇的是，大丽花在单独使用时能轻易地将人们的目光吸引到自己身上，也可以与其他花朵很好地搭配起来。大丽花是用单个花瓣制作而成的，所以你很容易利用空闲的时候来制作这些花瓣。我有两种制作大丽花花心的方法，其中一种还可用于制作花苞。

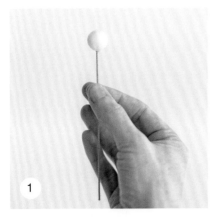

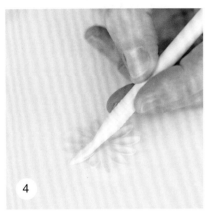

小贴士：

　　为了使切出的小雏菊清晰工整，先将压模紧紧地压在糖膏上，再将压模翻过来，用手指按压每片花瓣。取下糖膏的时候，可以用笔刷圆头的一端轻轻地将糖膏推出。

你将需要的特殊工具

· 1.5cm 的泡沫球
· 2cm 的泡沫球
· 20g 绿色铁丝
· 3 种不同型号的大丽花花瓣切模：
　1cm×3.2cm，1.5cm×4.7cm，2.3cm×7cm
　（Cakes by Design 品牌）
· 2 种不同型号的 12 瓣雏菊花切模：
　3.2cm，6.5cm（Cakes by Design 品牌）
· 用来做花萼的八瓣雏菊花切模(可选)，
　4.5cm（Cakes by Design 品牌）
· 花萼切模，2.5cm（FMM 品牌）
· 德雷斯顿塑形工具
· 小号剪刀
· 针具
· 波斯菊粉色粉
· 品红色粉
· 猕猴桃绿色粉
· 水仙花黄色粉
· 淡粉色糖膏（粉色食用色素）
· 绿色糖膏（苔藓绿和鳄梨绿食用色素）

制作花心

1. 给直径为 1.5cm 的泡沫球底部涂上糖胶，粘在 20g 的铁丝上，让它晾干。

2. 将淡粉色的糖膏揉至 2mm 厚，切出 3 个直径为 3.2cm 的 12 瓣雏菊花。

3. 每次拿出一朵雏菊放在泡沫板上，用塑形球棒将每片花瓣擀薄，拉伸 5mm。

4. 用德雷斯顿塑形工具给每个花瓣压出浅浅的凹槽。

5. 用剪刀在花心上剪出一个"X"（便于下一步的操作），在花瓣上和泡沫球的顶部涂上少量的糖胶。

6. 将雏菊花正面向上，沿花中心插入铁丝，轻轻地把花瓣按到花苞顶部，让它们层层叠压在一起，把花苞顶部藏起来。用同样的方式准备好第二朵雏菊花并粘附上去，将花瓣稍微移动一下使它们彼此相交叠在一起。不用担心底部未被完全覆盖。

7. 将第三朵雏菊花按上述步骤粘在花苞上，但这次让花瓣看起来更加开放。

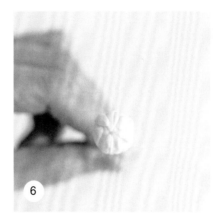

制作小号花瓣

8. 把糖膏揉薄至 2mm，然后用切模切出 20 个小的大丽花瓣。将花瓣包好防止它们干掉。

9. 一次使用 5 个花瓣，在泡沫垫上用球形塑形棒将每朵花瓣边缘擀薄。用针型工具在花瓣中间部位压出一条纹路，按照花瓣边缘形状在花瓣左右两边各压出一条纹路。

10. 用球形塑形棒在每朵花瓣边缘制造出波浪感，在每朵花瓣的顶端捏一下，使之呈闭合状。

11. 在每朵花瓣的中下部刷一点糖胶。

12. 从花瓣中下部开始，把右边的花瓣折叠到中间，再把左边的花瓣按在折过来的右边花瓣上，用手指轻轻揉搓使折叠部分变松。

13. 给大丽花的花心底部涂上少量糖胶，把 5 个大丽花瓣粘上去，使它们间隔均匀地粘在花心周围。将花瓣的高度控制在距离花心 5mm 到 1cm 之间。粘附花瓣的时候要将大部分花瓣正面朝向花心，但要保证另一小部分花朵侧面朝向花心，这样才能使花朵看起来更加赏心悦目。在花心周围粘上 10 个花瓣，然后用剩下的 10 个花瓣填补前面花瓣之间的空缺。在添加中号花瓣之前，要先将其晾干。

制作中号花瓣

14. 一次使用 5 个花瓣，和制作小号花瓣一样，制作出 20 个中号花瓣。

15. 把这 20 个花瓣分两层粘在花上（先粘 10 个花瓣，然后用剩下的 10 个花瓣来把之前花瓣之间的空缺填满）。到这一步结束，这朵花就可以作为小号的大丽花了，特别是当你需要多种型号的大丽花来进行设计的时候。为了使花朵看起来更加饱满，我们可以在添加大号花瓣之前再额外添加一层中号花瓣。

制作大号花瓣

16. 一次使用 3 个花瓣，按照同样的方法制作 14~16 个大号花瓣，但这次要用针型工具在每个花瓣上压出 5 条纹路。像制作小号和中号花瓣那样，把大号花瓣折叠好，使花瓣上半部分或 2/3 处于盛开的状态。

17. 将大号花瓣分两层，一层为 7 个或 8 个，间隔均匀地粘在花心周围。将花朵悬挂着晾干或者将花朵正面朝上，放在纸巾或泡沫板上晾干。

18. 如果可以看见大丽花的底部，就将绿色的糖膏擀薄至 2mm 来为其制作一个花萼。用模型切出一个直径为 4.5cm 的八瓣雏菊花形状。然后用 JEM 压模工具给花瓣压出纹路，最后粘上一点糖胶，将花萼粘到花朵底部。晾干花朵。

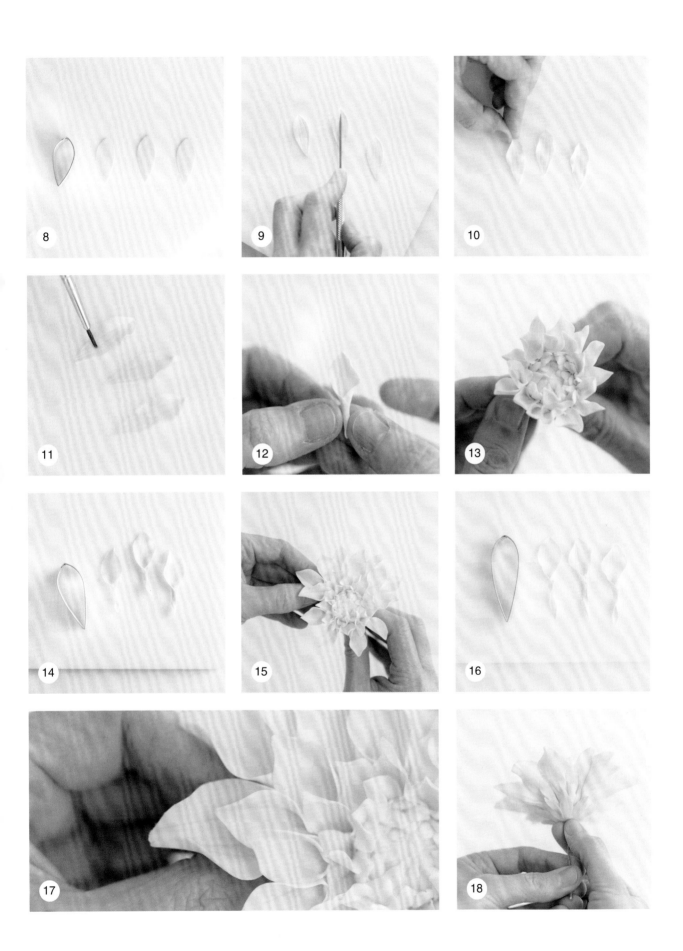

制作花苞

19. 把直径为 2cm 的泡沫球沾上胶水，粘到 20g 的铁丝上，将其晾干。

20. 把糖膏揉薄至 2mm，用切模切出 4 个直径为 6.5cm 的十二瓣雏菊花形状。包裹好这些花朵，避免其干掉。

21. 一次使用一朵雏菊花，然后在泡沫板上用球形塑形棒将花瓣擀长 5mm。

22. 用针型工具沿花瓣顶部到花瓣中心，轻轻地在花瓣中间按压出一条线。

23. 把每个花瓣中心刷上糖胶，把花瓣一边粘到另一边上，再捏出一个尖头。

24. 在花瓣中心和底部刷上糖胶，然后把花瓣粘到泡沫球上，把花按压在一起，遮盖住泡沫球的顶部。

25. 以同样的方式准备和添加剩下的 3 个雏菊花形状，直到花苞达到你想要的大小。如果想要制作小花苞，只需将雏菊花形状上的花瓣减少 2~3 朵即可。

26. 制作花苞时，需将绿色糖膏揉薄，然后用切模切出 2 个直径为 2.5cm 的花萼形状。用球形塑形工具拉伸其中一个花萼形状，使它变长一点，宽一点。接下来使用 JEM 压模轻轻地压出纹路，再用叶子塑形工具的较宽一端将花瓣做成浅杯形。把较小花萼浅杯状的一面全部刷上糖胶。将大花萼翻过来，在中心刷上糖胶。

27. 把小花萼粘在花苞的底部，使花萼平滑地粘附在花苞上。接下来将大花萼浅杯形一面向下，粘在花苞上。在上色之前确保其已经晾干。

小贴士：

如果想把这种花苞作为大丽花的花心部分，就需要在放置 2~3 个雏菊花形状之后，添加一些小号和中号的大丽花瓣。

给大丽花和花苞染色

28. 在花朵中心染上一层雏菊花淡粉色色粉。

29. 将雏菊花粉色色粉与一点紫红色色粉进行混合。在第一层花瓣的开口处染上这种混合色粉，然后在所有花瓣的尖端部分和中号和大号花瓣的边缘部分染上这种混合色。

30. 对于花苞，将所有的花苞部分都用雏菊花粉色色粉进行染色。将粉色色粉与紫红色色粉进行混合，然后染到所有花朵的尖端部分。用一点猕猴桃绿色色粉和黄色色粉染到花萼上。轻轻地将花和花苞蒸几秒，使色粉完全粘附其上（见准备工作），在使用之前将其晾干。

小苍兰

　　小苍兰拥有美丽的漏斗形花茎，精致的花苞，是婚礼鲜花和花束的最佳选择。小苍兰的颜色有白色、黄色、粉红色、红色和紫色，把这些花和花苞用胶带粘在一起的时候，为设计增添了极大的质感和视觉趣味。我喜欢把小苍兰的花蕾摆放在其他花朵之间。小苍兰可以作为一个完整的茎单独使用，或者你也可以把它当作美丽的填充花。

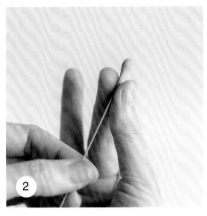

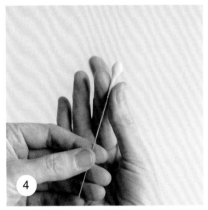

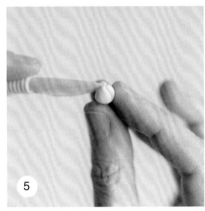

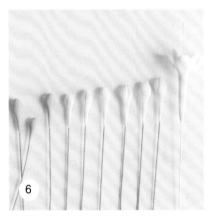

你将用到的特殊工具

....

· 小苍兰花切模（六瓣花切模），3cm
（Cakes by Design 品牌）
· 小号圆头雄蕊（白色）
· 黄色色素凝胶和小刷子
· 28g 绿色铁丝
· 26g 绿色铁丝
· 26g 白色铁丝
· 刀具
· 星形工具
· 小号擀面杖
· 小剪刀
· 花艺纸胶布（绿色和白色）
· 悬挂架
· 猕猴桃绿色粉
· 苔藓绿色粉
· 水仙花黄色粉
· 雏菊花粉色粉
· 白色糖膏
· 绿色糖膏（苔藓绿和柠檬黄食用色素）

制作绿色花苞

1. 把 5mm 的绿色糖膏揉至平滑，然后把糖膏下半部分揉成渐缩的窄锥形，留一个球茎尖。花苞长度要保持在 1~2cm 之间。

2. 把顶部有弯钩的 28g 铁丝插入花苞底部（见准备工作）直至插入花苞中间的最宽处。用手指将花苞底部的锥形部分揉至平滑，使其牢牢地粘附在铁丝上。将其晾干。每个小苍兰茎上做 3 个绿色花苞。

制作白色花苞

3. 揉搓一个直径为 8mm 的白色糖膏，将其下半部分底部揉搓成窄锥形，和之前一样，留出一个花茎尖。花苞长度为 2cm。轻轻揉搓花苞顶部使其微微变细。

4. 把顶部有弯钩的 28g 铁丝插入花苞底部直至插入花苞中间的最宽处。和之前一样，用手指轻轻按压使花苞紧紧粘附在铁丝上。

5. 用刀具由上至下在花苞上均匀地划出 3 条划痕。将花苞完全晾干。

6. 制作不同尺寸大小的花苞，尺寸在 2~3.2cm 之间。这样会给人制造出一种在开花之前花苞逐渐变大的感觉。每个小苍兰花茎上做 5 个白色花苞。

制作花心

7. 切下 6 个白色小圆头雄蕊。用白色半宽花艺纸胶带缠住 26g 白色铁丝的顶部，紧紧缠绕 3 圈（见准备工作）。从超出雄蕊底部 1cm 处开始，轻轻地把 6 个雄蕊粘附到铁丝上，尽量少用胶带，避免花茎显得过于庞大。

8. 用小画笔在雄蕊顶端涂上黄色色素凝胶。使用之前确保其晾干。

制作花朵

9. 揉搓一个直径为 1.5cm 的白色糖膏球。

10. 用手指在糖膏球一半的位置制造出一个圆锥体形状，然后把球茎尖压在手掌上，制作出一个巫婆帽子的形状。

11. 用手指把这个帽子形状糖膏的帽子边缘部分揉至 3mm 薄，使其像脖子形状的部分宽度为 2cm。

12. 用迷你擀面杖把帽子的边缘擀至 2mm 薄，保证脖子形状部分到边缘的厚度是一致的。

13. 将切模从脖子形状的中心向下切出花朵形状。

14. 用小剪刀从花瓣边缘到脖子形状底部剪出一个小口子，使花瓣相互分离。

15. 将花瓣内部朝上放在泡沫板上，用球形塑形棒轻轻地擀 3 下，把花瓣拉长至原来长度的 1/3。不要过度拉长至花瓣，不然在最后制作花朵的时候不好定型。

16. 用星型工具在花朵中心压出一个形状，做出一个直径为 5mm 的开口。

17. 在星形中心涂上一点糖胶。将铁丝由上至下穿过花朵的中心直至花茎上的胶布被完全覆盖住。

18. 用手指把花的底部捏至平滑，做出一个漂亮的锥形，使底部紧紧粘附于铁丝之上。把多余的糖膏拧掉，同时确保花朵底部的整洁美观。脖子形状的部分最后的长度要保持在 2.5~3.2cm 之间。

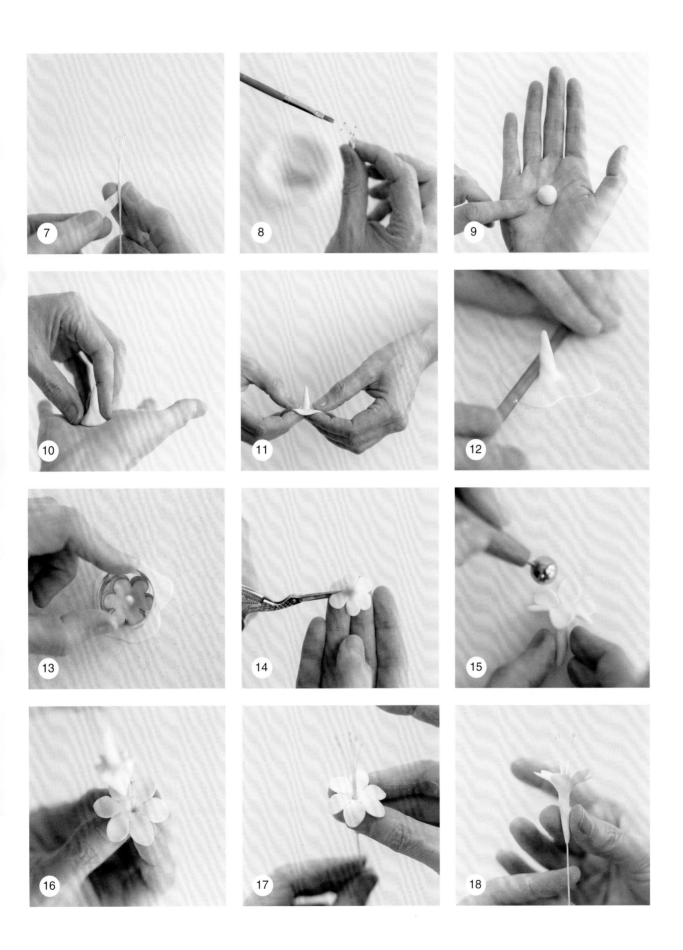

19. 把花朵倒过来，用手指把其中的 3 个花瓣按压至呈闭合状态，使它们更靠近雄蕊，剩下的 3 个花瓣则保持盛开的状态。

20. 把花朵悬挂起来彻底晾干。每个小苍兰花茎上做 5 朵花。

给花苞和花朵上色

21. 用猕猴桃绿色粉将花的脖子部分及向上花朵部分的 1/3 进行染色。花朵的剩下 2/3 的花瓣外部染上水仙花黄色粉。

22. 把花朵中心的雄蕊底部周围染上水仙花黄色粉，然后把花瓣顶部及底部边缘染上雏菊花粉色粉。

23. 用猕猴桃绿色粉和苔藓绿色粉混合而成的色粉将整个花苞染色。

24. 按照给花朵染色的步骤给白色的花苞染色。首先用猕猴桃绿色粉将花苞的底部及向上脖子部分的 1/3 进行染色。从花苞的绿色色粉顶部边缘处向上直至花苞最宽的地方染上水仙花黄色粉。把花苞顶端染上雏菊花粉色粉，同时露出一点白色的糖膏。把所有的花和花苞蒸几秒（见准备工作），使用前确保它们充分晾干。

花茎设计

25. 按照从小到大的形状，放置好 3 个绿色花苞，5 个白色花苞和 5 朵花。

26. 用半宽的绿色花艺纸胶布把最小的绿色花苞缠绕到 26g 绿色铁丝的顶端，然后剪下铁丝，留下 18cm 作为花茎（见准备工作）。

27. 把胶带紧紧地缠绕在铁丝上，并留出 5mm 的距离，然后再添加大号的绿色花苞。紧紧地把花苞底部缠绕在铁丝上，并且覆盖住铁丝。

28. 按照同样的方法，继续添加所有的绿色花苞和白色花苞，确保它们两两之间的间隔均匀适度。它们必须要保持在同一条线上，就像"站在电线上的一排鸟"一样。

29. 将第一朵花放在中心偏稍微左一点的地方，第二朵花放在中心稍微偏右一点的地方。花朵底部的间距要与花苞之间的间距一致，这样是为了给花顶部开放的花瓣留出空间。

30. 将剩下的 3 朵花也缠绕在花茎上，第三朵花放在中心部位，第四朵花放在中心稍微偏左一点的地方，最后一朵花放在中心稍微偏右一点的地方。沿着铁丝继续缠绕胶带，形成一根花茎。按照需要将花茎弯曲定型。

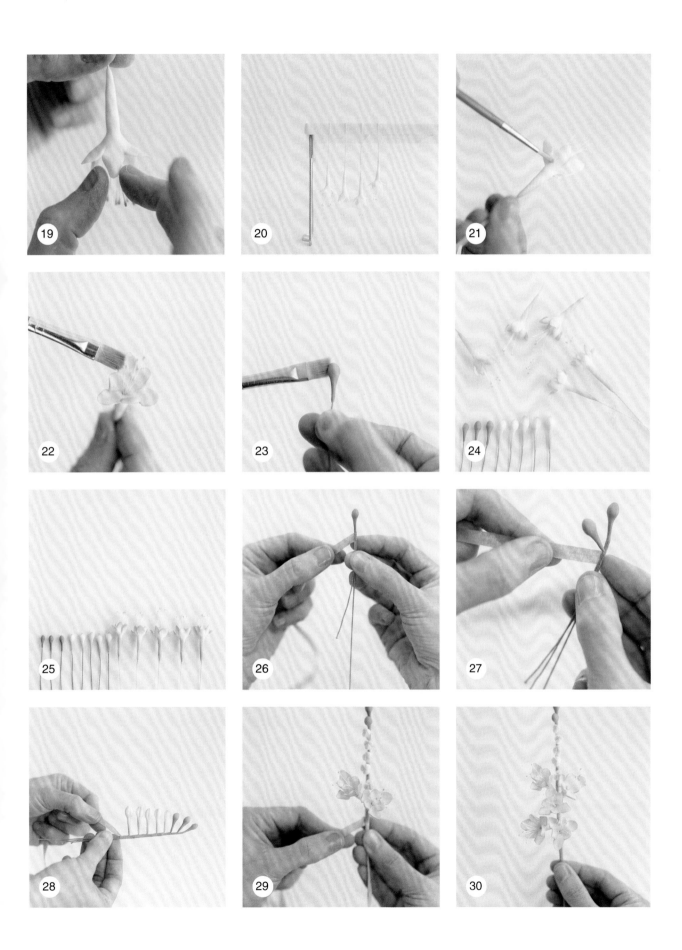

薰衣草

　　薰衣草的长花枝可以增加蛋糕设计的高度和时尚感。我们可以将薰衣草作为配花加入蛋糕架上的其他花朵的摆放中，这样会使整体设计看起来更加精致，我们也可以用丝带将薰衣草扎成一束单独使用。薰衣草的与众不同之处在于它独特的紫色花朵，但是也存在变种的白色和蓝色花朵。

小贴士：

　　同时在5~7个花枝上制作花，在一个花枝上做完一朵花以后，接着在下一个花枝上添加花朵，这样可以给每枝花充分的晾干时间，避免花瓣从铁丝上滑落。

你需要用到的特殊工具

· 薰衣草花瓣切模（六瓣花瓣切模），1.5cm（Orchard products 品牌）
· 薰衣草花萼切模（六瓣花瓣切模），8mm（Orchard Products 品牌）
· 26g 绿色铁丝
· 挂架
· 淡紫色粉
· 品蓝色粉
· 猕猴桃绿色粉
· 紫色糖膏（紫罗兰食用色素）
· 绿色糖膏（鳄梨绿和柠檬黄食用色素）

制作茎尖

1. 用钳子在 26g 绿色铁丝的顶端夹出一个闭合的弯钩，修剪过的铁丝的长度应在 18cm。

2. 取小块糖膏揉搓成球并粘在铁丝顶端（见准备工作），糖膏的量只需刚好盖住弯钩即可。在使用前需要晾干。

制作第一层花瓣

3. 将紫色糖膏揉薄至 2mm，密封起来防止变干。

4. 每次切出 3~4 朵花瓣的形状，这样在使用花瓣时依然能够保持柔软。

5. 在每朵花瓣上涂上少量的糖胶。

6. 将一朵花瓣由下往上穿过铁丝，围绕着茎尖，用手轻轻捏一捏，让花瓣贴茎尖更紧一些。

7. 将第二朵花瓣以同样的方式粘住，尽量和第一层花瓣交错放置，更有层次感。为了使薰衣草的形态多样，可以绕着茎尖做一些单层的花朵，也可以做一些双层的花朵。

制作茎尖上的其他花朵

8. 制作花枝上的第二朵花时，要在一朵花瓣上涂上糖胶，再由下往上穿过铁丝，停留在距第一朵花约 8mm 到 1cm 处，轻轻捏一下花的底部，让其牢牢地粘在铁丝上。这就是一朵"停泊住"的花。在往下继续添加新的花朵之前，要先将这朵花晾干至少 15 分钟。

9. 再多切出几朵花瓣并在中心涂上糖胶，每次拿出一朵从下至上穿过铁丝粘住上一层花瓣，尽量将花尖错开放置，不需要太整齐。为了更好的视觉效果，可以变换花朵的花瓣层数，只要在 1~4 层之间即可。

10. 同时在好几个花枝上制作花朵，保证每朵花都有充分的晾干时间。在制作过程中将每枝花悬挂在架子上，在继续第一支花的制作之前要将它们都倒挂成垂线。

11. 每个花枝上制作 5~6 朵花即可，留出 6.5~7.5cm 长的花茎。

5

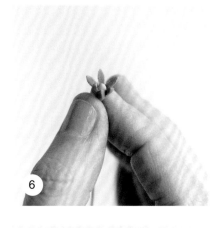

6

7

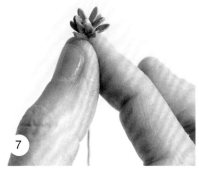

8

制作花萼

12. 将绿色糖膏揉得极薄，厚度为 1mm，切出花萼的形状。

13. 用小号的塑形球棒或最小号的万能白棒将每片花萼擀得更宽，再用手拧一下每片花萼的尖端。

14. 在花萼的中心抹上糖胶并将其由下往上穿过铁丝至薰衣草花瓣的底部。用你的手指轻轻按压让花萼完全粘住。在上色之前要保证薰衣草充分晾干。

给薰衣草上色

15. 用淡紫色粉给所有的花瓣刷上颜色。

16. 在花瓣上随意地点上几下品蓝色粉，增添花朵的层次感。

17. 给每朵花的底部和花萼刷上猕猴桃绿粉，稍微蒸几秒让其充分着色。在使用前要确保每束薰衣草充分晾干。

18. 在摆放花朵前，将花枝稍稍折弯，让薰衣草花束成形得更加自然。

丁香花

　　小小的丁香花非常适合做填充花！丁香花的颜色绚丽多彩，有淡
粉色、蓝色和薰衣草色系，但是我觉得最漂亮、最适用的是白色和饱
满的紫色。做出丁香花从花苞到盛开的不同阶段，然后将它们混合搭
配在一起，营造出鲜明的层次和极好的质感。

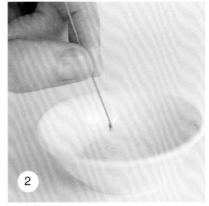
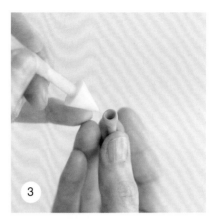
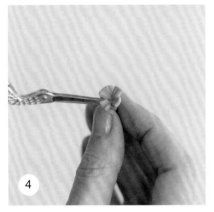
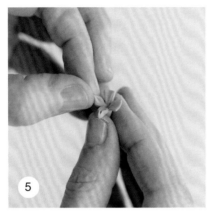
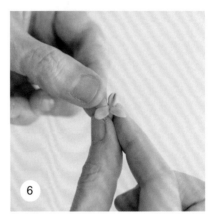

你将用到的特殊工具

·黄色混合花粉（见准备工作）
·30g 绿色铁丝
·锥形工具
·小剪刀
·刀具
·叶子塑形工具
·丁香花色粉
·蓝紫色粉
·紫水晶色粉
·花艺纸胶带（绿色）
·丁香花糖膏（紫罗兰色食用色素和深紫色食用色素）

准备花心

1. 用手钳在 30g 绿色铁丝顶部弯一个闭合的小钩，把铁丝长度剪至 7.5cm（见准备工作）。用刷子在铁丝弯钩处刷上一点糖胶。

2. 给铁丝弯钩处粘上一点黄色混合花粉（见准备工作）。在使用之前确保其充分晾干。

制作开放的花朵

3. 把一个直径为 5mm 的小号丁香花糖膏球揉成窄锥形。用锥形工具在顶部开一个口子。

4. 用剪刀把开口处剪成 4 个花瓣。

5. 用手指在花瓣的顶部捏出一个尖头。

6. 用拇指和食指使劲把花瓣压平。

7. 用拇指和食指拿住花，用叶子塑形工具从宽端按压每个花瓣，在花瓣的边缘做出一个脊的形状，然后用工具将花瓣沿着指间往外划，使花瓣变长。

8. 用锥形工具压入花朵的中心，做出一个小开口。

9. 把提前做好的丁香花花心插入花朵的中心，直至铁丝上的花粉部分完全盖住小口子。用手指将花朵底部揉至平滑，确保其紧紧粘附于铁丝之上。将其完全晾干。

制作半开的花朵

10. 制作半开的花朵的步骤和制作开放的花朵步骤一样，一直到用拇指和食指把花瓣压平。然后在泡沫板上，用小型球形塑形棒按压每朵花瓣的内部，压出一个浅杯形。用锥形工具的顶部压入花朵中心，做出一个小口子。

11. 与制作开放的花朵步骤相同，把提前准备好的丁香花花心插入花朵的中心，直至铁丝上的花粉部分完全盖住小口子。用手指将花朵底部揉至平滑，确保其紧紧粘附于铁丝之上。将其完全晾干。

制作花苞

12. 把直径为 4~5mm 的小号丁香花糖膏揉成带有花茎尖的窄锥形。

13. 把顶部带有弯钩的 30g 绿色铁丝插入花苞底部（见准备工作）直至插入花苞最宽处的中心。把花苞底部揉至平滑使其牢牢粘附于铁丝之上。

14. 由上至下，用刀具把花苞均匀分成 4 部分，将其晾干。

给花苞和花朵染色

15. 用丁香花色粉和紫水晶色粉混合之后将花苞全部染色。

16. 用上步中混合好的色粉将所有的丁香花从花瓣边缘到中心全部上色，留下黄色花心部分。用几种不同的紫色粉把花朵全部染色。用浅色系的色粉会使花朵放在一起时更有层次感。把花苞和花朵蒸几秒，使色粉牢牢粘附其上（见准备工作）。使用之前确保其完全晾干。

将丁香花扎成束

17. 用单圈半宽花艺纸胶带（见准备工作）将花和花苞扎成 3 个一束。这一束中的 3 个可以是同样的（都是花苞或者花），也可以是 3 个不同阶段的花作为一束（一个花苞，一朵盛开的花，一朵闭合的花）。每一小簇花里包含的种类越多，将这些小簇丁香花扎成一大束时看起来就很自然。

18. 用花艺纸胶布把 3~5 束花缠在一起，做成更大的花束，并持续添加更多的花，直到花束达到所需要的大小。

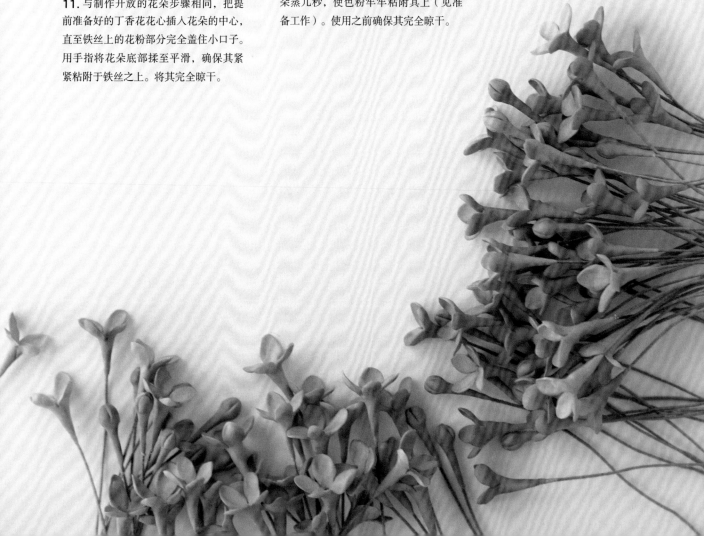

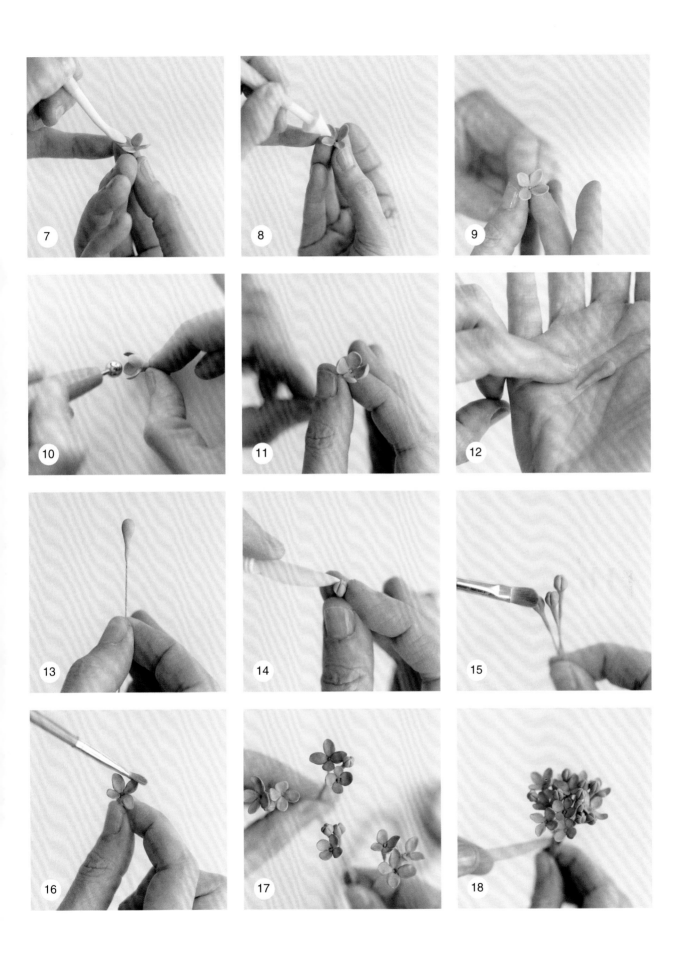

木兰花

　　木兰花乳白色的花瓣和翠绿的叶子非常具有辨识度，用作蛋糕设计时高雅又大方。木兰花的颜色让它看起来比较沉稳，但是你可以通过在花心刷上你最爱的几种绿色，创造出完全不同风格的木兰花。因为木兰花的花朵干净又简单，花朵成形很快，最后只要再配上两片叶子就相当完美了。

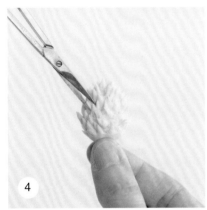

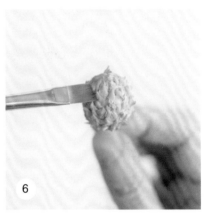

你需要用到的特殊工具

·2 种尺寸的木兰花花瓣切模 5cm×
7.3cm，7.3cm×9cm
·20g 白色的铁丝
·26g 白色的铁丝
·花艺纸胶布（绿色和白色）
·小剪刀
·苹果托盘（小花瓣塑形器）
·2 个直径为 11.5cm 的半圆形塑形器，
中心有一个直径为 5mm 的小洞（大花
瓣塑形器）
·铝箔纸（可选）
·猕猴桃绿色粉
·橙色粉
·可可棕色粉
·白色糖膏
·乳白色糖膏（暖褐色食用色素）

制作花心

1. 用钳子在 20g 白色铁丝的顶端拧出一
个闭合的弯钩，将白色的半宽花艺纸胶布
绕弯钩 12 圈，做出一个小的花苞。

2. 将直径为 2.3cm 的糖膏球揉成鸡蛋形
状，用手指把鸡蛋型糖膏的底部捏出浅浅
的 V 形。

3. 在胶布花苞上涂一点糖胶，把它插入
糖膏的中心，确保糖膏刚好没过胶布，到
达铁丝部分。

4. 拿小剪刀从糖膏底部至顶端剪出一道
道精致的 V 形小口，小口一层层交叠，
看起来非常有层次感。在糖膏的顶部也要
拿剪刀剪出几个小口。用手指或者小号的
塑形球棒将剪出的小口往外拉伸些许，让

造型更加立体。在使用之前把糖膏放到一
旁晾干。

5. 将木兰花花心一分为三，把底部的 1/3
刷上淡绿色粉，把余下的 2/3 刷成淡黄色。

6. 给最上面的 1/3 花心刷上橙色和棕色混
合而成的淡粉色，轻轻地在桌边上敲打铁
丝以筛去多余的色粉。蒸一下花心以着色
（见准备工作），在使用前要充分晾干。
如果想要一个颜色更深的花心，也可以加
入其他的颜色。如果添加了其他的颜色，
在粘贴花瓣之前还要将花心蒸上第二次。

制作小花瓣

7. 在花茎板上将白色糖膏揉至 2mm 厚，不要把糖膏揉得太薄（防止太透），因为木兰花花瓣偏厚且较光亮。

8. 切出一片小花瓣，把花瓣放到花茎板上，花瓣底部对准板上的凹槽然后擀压糖膏，将花瓣的背面压出一条 2cm 长的茎，这样的长度刚好够插入铁丝，最重要的是，花瓣背面不能有超出铁丝长度花茎的印子。乳白色的花瓣看起来非常高雅，丝毫不会泄露我们使用花茎板的秘密。

9. 在 26g 铁丝上涂上糖胶并插入背部突出的花茎中，粘牢（见准备工作）。

10. 用擀面棒轻柔地擀压拉伸几下花瓣。

11. 把花瓣翻面放到泡沫板上，用塑形球棒将花边擀薄。

12. 将花瓣正面朝上放在带有浅杯塑形器的苹果托盘上至完全晾干。每朵花做 3 个小花瓣即可。

制作大花瓣

13. 把糖膏放到花茎板上揉薄至 2mm，切出大花瓣的形状，在最小号的花茎板上压出花茎（操作方法见第 8 步）。在 26g 铁丝上涂上糖胶并插入花茎中，确保粘牢。把花瓣翻面放到泡沫板上，用塑形球棒将花边擀面薄。

14. 铁丝从花瓣底端开始向着花瓣背面折弯 90°，把花瓣正面朝上放入直径为 11.5cm 的半圆形塑形器中晾干，花瓣的铁丝刚好穿过塑形器中心的小洞。轻轻压平花瓣让其与塑形器贴合，在晾干花瓣之前要先在塑形器上刷上一层玉米淀粉，防止糖膏粘在塑形器上。如果花瓣的顶端高出了塑形器的边缘，可以在花瓣后面垫一张纸防止花瓣有任何的折痕。每朵花要做 6 朵大花瓣。

15. 如果要做出更多盛开的花瓣或者两边微卷的花瓣，用同样的方法制作，但是把花瓣放在用擀面杖擀成圆形的锡箔纸塑形器上晾干。

制作木兰花

16. 用绿色的半宽花艺纸胶布（见准备工作）缠绕花心底部的下方 2~3 圈。在花心的周围先用胶布缠上 3 朵小花瓣，每次一朵，分布要均匀。

17. 接着缠绕第一层的 3 朵大花瓣，将大花瓣置于内层小花瓣两两之间，与小花瓣相互交叠。

18. 再将最后一层的 3 朵大花瓣缠绕在外层大花瓣两两之间。最后将铁丝从上至下全部缠绕上绿色胶布，制作出一枝完整的花茎。

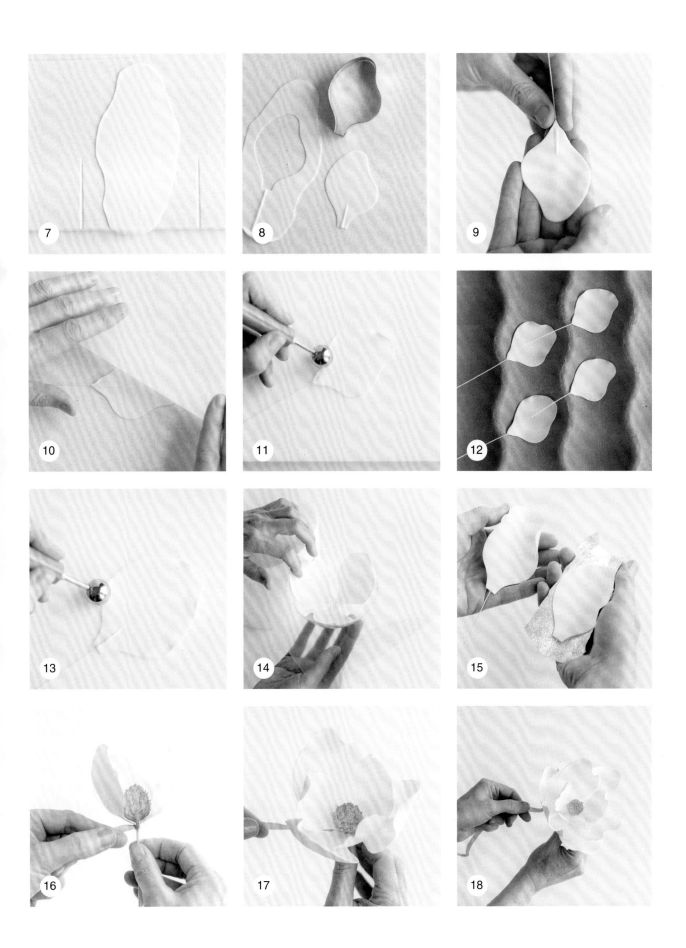

牡丹花

　　牡丹花可以说是你设计中令人惊艳的一种花了！

　　我在此分享的做花技巧是一个很好的起点，但是我希望你们能够变换不同的花瓣大小和花朵开放程度，制作出适合你蛋糕设计美感追求的牡丹花。开放的牡丹花花瓣表面有带褶皱的，也有表面光滑的，但都只有一根花茎，所以当需要牡丹花与其他花朵进行搭配时，可以轻轻地把花拿过去。闭合的花朵是很受人喜爱的，在我看来，牡丹花在开放之前，就是一个由许多花瓣做成的华丽无比的花球。

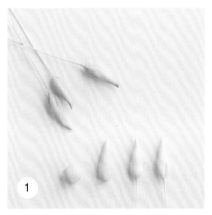

小贴士：

　　颜色会协调你的雌蕊和花，使它们搭配的更加完美。如果你正在用深一点的颜色制作花瓣，那么你就需要在雌蕊的顶端染上一点这种颜色，使整朵花看起来更加协调。

盛开的牡丹花

你将用到的特殊工具

· 4种型号的玫瑰花瓣切模：4cm×4.7cm，4.7cm×5.3cm，5cm×6cm，5.5cm×6.7cm

· XL号花瓣压纹模，为波浪形花瓣的牡丹而准备（花艺工作室品牌）

· 6.5cm 中心带 5mm 洞的半圆形塑形器

· 玫瑰花瓣压纹模，为带有光滑花瓣的牡丹而准备（大玫瑰花瓣压纹模）

· 5cm 和 6cm 的泡沫球（每个型号准备5~6个）

· 黄色雄蕊（中号百合花心或锤形花心）

· 28g 和 30g 白色铁丝

· 上过蜡的牙线

· 花艺纸胶布（绿色）

· 猕猴桃绿色色粉，雏菊粉色色粉，水仙花黄色色粉，桃红色色粉和奶油色色粉

· 绿色糖膏（鳄梨色食用色素），淡粉色糖膏（粉色食用色素），淡桃红色糖膏（水蜜桃色食用色素）

制作花心

1. 制作雌蕊时，将一个 8mm 的绿色小糖膏球揉至 2.3cm 的锥形。把锥形糖膏插入顶部带有弯钩的 28g 白色铁丝，按压糖膏底部使其牢牢粘附于铁丝之上（见准备工作）。用刀具将糖膏球从底部往上划出 3 道划痕，长度为糖膏球的 1/3，把糖膏球均匀地分成 3 部分。用手指把糖膏顶部揪起一缕。将其晾干。每朵牡丹做 3 个雌蕊，用淡绿色色粉将雌蕊全部染色。在雌蕊顶端染上一点粉色色粉。把雌蕊上的色粉蒸几秒（见准备工作），并且在使用前确保其晾干。

2. 用半宽的花艺纸胶布（见准备工作）从底部把 3 朵雌蕊缠绕在一起，一直沿铁丝向下缠绕，形成一根花茎。

3. 取出 25 朵左右的雄蕊花束，用上过蜡的牙线把雄蕊和雌蕊缠在一起，紧紧地缠绕 3 圈使其固定。从雌蕊底部开始用花艺纸胶布缠绕牙线，同时给雄蕊和雌蕊之间留有一定的空隙。雄蕊的顶端要稍微高于雌蕊。

4. 再绑上 3~4 束雄蕊，间隔均匀地缠绕在花茎周围，直至达到你所需要的花蕊饱和程度。每束雄蕊都要用上过蜡的牙线紧紧缠绕 3 圈，然后再添加下一束雄蕊。

5. 在所有的雄蕊添加完成之后，用半宽花艺纸胶布从雌蕊底部开始紧紧缠住花茎，缠至雄蕊底部的一半即可。

6. 用锋利的剪刀剪去雄蕊底部多余的部分，将其修剪为锥形，然后将剩下的雄蕊部用花艺纸胶布缠绕起来，形成一根完整的花茎。

7. 轻轻地把雄蕊打开，使其均匀地分布在雌蕊周围。也可以给雄蕊顶部染上一点黄色色粉让其颜色看起来更深，根据需求而定。把牡丹花心蒸几秒（见准备工作），在添加波浪形花瓣或光滑的花瓣以便做出完整的花之前，确保花心完全晾干。

制作波浪形的花瓣

8. 用3种不同大小的玫瑰花瓣切模制作牡丹花花瓣，把它们称为小号，中号和大号。3种型号分别为：4cm×4.7cm，4.7cm×5.3cm，5cm×6cm。在花茎板上把淡粉色糖膏揉薄，用模具切下一个小号花瓣，在泡沫板上用圆形塑形棒把糖膏揉薄。在30g铁丝的顶部沾上糖胶，然后将其插入花瓣的凹槽中，深度为1cm，按压花瓣底部，使其牢牢粘附于铁丝之上。

9. 用剪刀在花瓣顶部的边缘剪出一个小小的圆V形。

10. 把花瓣放入压膜压出纹路。

11. 在泡沫板上，用圆形塑形棒轻轻地将花瓣顶部的边缘擀压出波浪形，确保花瓣的侧边和底部如图所示一样平坦。

12. 用球形塑形棒在花瓣顶部的边缘部分做出3~4个凹型。

13. 轻轻地把铁丝沿花瓣底部弯曲90°，朝向花瓣的反面。将花瓣正面朝上放置，在一个直径为6.5cm的半圆形塑形器中，把铁丝穿过中间的洞。用手指使花瓣与塑形器的浅杯形相贴合。用手指把花瓣顶部的几处边缘部分往里面揪一下，然后将花瓣彻底晾干。

14. 每朵花做5个小号花瓣，9个中号花瓣和5个大号花瓣。用塑形工具或其他小东西来支撑大号花瓣，防止花瓣顶部边缘变形。

制作波浪形花瓣的牡丹花

15. 按照下面的顺序把19朵花瓣摆放好：4个中号花瓣，5个大号花瓣，5个中号花瓣，5个小号花瓣。用半宽的花艺纸胶布把第一个中号花瓣缠绕在花茎上，花瓣的底部要与雌蕊的底部在同一条线上。

16. 将接下来的3个中号花瓣间隔均匀地缠绕在花茎周围，做出第一层花瓣。

17. 然后，将5个大号花瓣缠绕到花上，一次缠绕一个，花瓣底部与第一层平齐。间隔均匀地把花瓣缠绕到花上。

18. 再添加5个中号花瓣，间隔均匀地缠绕在花的周围，使它们重叠在大花瓣之间。

19. 最后，将5个小花瓣间隔均匀地缠绕在花的周围，使它们重叠在中号花瓣之间。在所有花瓣添加完成之后，继续将胶带沿铁丝向下缠绕，形成一个完整的花茎。

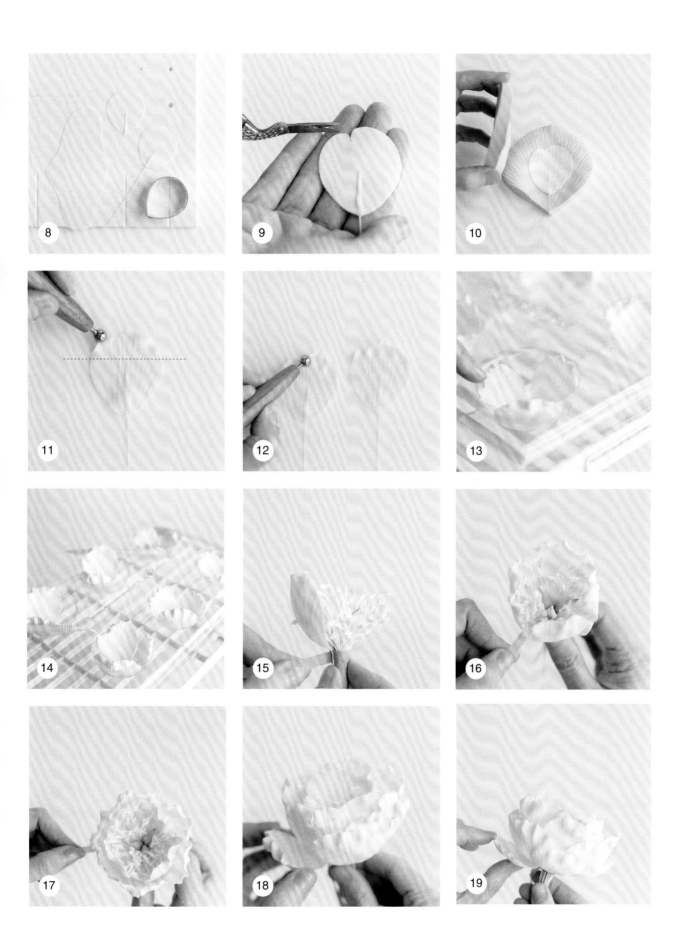

给波浪形牡丹染色

20. 用扁头刷轻轻地把花瓣顶部的边缘染上粉红色色粉。

21. 用柔软的圆头刷，把花朵底部和可看见的外层花瓣随意染上一点色粉。轻轻地把花瓣拉得开一点，将花蒸几秒使色粉牢牢粘附在花瓣上。使用之前确保花瓣完全晾干。

制作光滑牡丹的花瓣

22. 用 4 种不同大小的玫瑰花瓣切模制作牡丹花花瓣，把它们称为小号、中号、大号和特大号。4 种型号分别为：4cm×4.7cm，4.7cm×5.3cm，5cm×6cm 和 5.5cm×6.7cm。在花茎板上把淡桃红色糖膏揉薄，用模具切下一个小号花瓣，在泡沫板上用圆形塑形棒把糖膏揉薄。在 30g 铁丝的顶部沾上糖胶，然后将其插入花瓣的凹槽中（见准备工作）。按压花瓣底部，使其牢牢粘附于铁丝之上。

23. 把花瓣翻过来，用剪刀在花瓣底部剪出一个直径为 1cm 的小口子，靠近并且与铁丝平行，形成一个小标签。

24. 把花瓣放在一个直径为 5cm 的泡沫球上，用手指把花瓣平滑的按压在泡沫球上。把花瓣上的小标签折叠，使其紧紧地将花瓣的底部粘附于泡沫球上。继续用手指把花瓣揉至平滑，直到整个花瓣都严丝合缝的粘附在泡沫球上。然后放在一旁晾干。

25. 每个型号的花瓣都准备 5~7 个，分别用直径为 5cm 和 6cm 的泡沫球作为塑形工具。较小的花瓣放在越大的泡沫球上会使花瓣的浅杯形弧度越小。而较大的花瓣放在越小的花瓣上会使花瓣的浅杯形弧度越大。如果想让做出来的光滑牡丹更加饱满，造型更加精致，就需要准备好不同型号的大弧度和小弧度花瓣。

制作光滑牡丹

26. 准备好牡丹花心，按步骤 1~7 进行制作。和制作波浪形牡丹一样，用半宽的花艺纸胶布把 5 或 6 个中号花瓣缠绕在雄蕊周围，花瓣的底部要与雌蕊的底部在同一条线上。

27. 接下来，把 6 或 7 个大号花瓣和特大号花瓣混合缠绕在花上，一次缠绕一个，花瓣底部要与第一层的底部平行。将花瓣间隔均匀地缠绕在花朵上，而且一个压着一个，这样才能使花朵看起来更加饱满。

28. 再添加 5~6 个中号花瓣，间隔均匀地缠绕在花的周围。

29. 然后在花底部的周围添加一些小号花瓣，使花朵的造型更美丽。

30. 把桃红色粉和奶油色粉混合，轻轻地用扁头刷子给牡丹花瓣顶部的边缘染色。用柔软的圆头刷，把花朵底部和可看见的外层花瓣随意染上一点色粉。轻轻地把花瓣拉得开一点，将花蒸几秒使色粉牢牢地粘附在花瓣上。使用之前确保花瓣完全晾干。

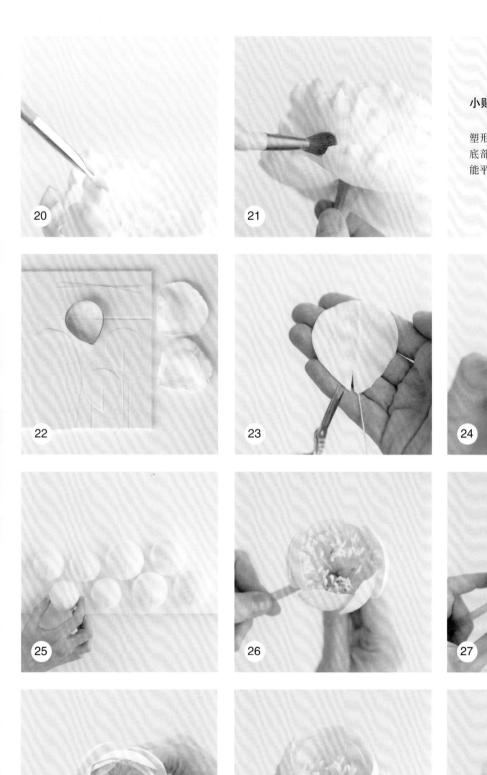

20

21

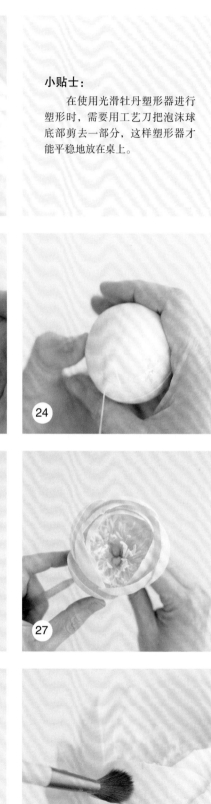

小贴士：

在使用光滑牡丹塑形器进行塑形时，需要用工艺刀把泡沫球底部剪去一部分，这样塑形器才能平稳地放在桌上。

22

23

24

25

26

27

28

29

30

81

牡丹花苞

你将用到的特殊工具

· 直径为 4cm 的泡沫球
· 20g 绿色铁丝
· 2 种型号的玫瑰花瓣切模：4.7cm×
  5.3cm，3cm×4.7cm
· JEM 牌翻糖花瓣纹路棒
· 雏菊花粉色粉
· 苔藓绿色粉
· 淡粉色糖膏（粉色食用色素）
· 绿色糖膏（苔藓绿食用色素和柠檬黄
  食用色素）

制作花苞

31. 把直径为 4cm 的泡沫球粘到 20g 铁丝上，将其晾干。

32. 将淡粉色糖膏揉薄，切下 2 种型号为 4.7cm×5.3cm 的花瓣。在泡沫板上用球形塑形棒把花瓣边缘擀薄，然后在花瓣中心擀几下使其变长。轻轻地用 JEM 牌翻糖花瓣纹路棒在花瓣上压出纹路。

33. 把花瓣表面全部刷上糖胶，将两个花瓣相对粘在泡沫球上，花瓣的顶部一个压着一个，覆盖住泡沫球的顶部。把花瓣揉至平滑，使其粘附在泡沫球上。

34. 按照同样的方法再制作 3 个花瓣，并且将它们粘附在泡沫球上，间隔均匀地粘在泡沫球上，一个压着一个，但要保证可以看见第一层花瓣的顶端。

35. 把绿色糖膏揉薄，切下 3 个型号为 3cm×4.7cm 的花瓣来制作花萼，轻轻地用 JEM 牌翻糖花瓣纹路棒在花瓣上压出纹路。

36. 将花瓣表面全部刷上糖胶，间隔均匀地粘在花苞底部，花萼的底端粘在铁丝上，覆盖住可见的泡沫球。用手指将花萼揉至平滑，使其紧紧粘附于花苞上定型。将其完全晾干。

37. 在花瓣上染上和牡丹花一样的颜色，使其看起来相互协调。在花苞顶部花瓣的交汇处染上比花朵深一点的颜色。

38. 给花萼染上一点苔藓绿色粉，然后在花萼边缘添加一点雏菊花粉色粉。蒸几秒使色粉定型（见准备工作），在使用之前确保其完全晾干。

闭合的牡丹花

你将用到的特殊工具

· 5cm 的泡沫球
· 18g 绿色铁丝
· 4cm 的圆形切模
· 有圆齿状的牡丹花瓣切模，4cm×4.5cm
  （Cakes by Design 品牌）
· JEM 牌翻糖花瓣纹路棒
· 为外层花瓣准备的 5cm 浅杯形塑形器
· 2 种型号的玫瑰花瓣切模：4.7cm×
  5.3cm，3cm×4.7cm
· 雏菊花粉色粉
· 苔藓绿色粉
· 淡粉色糖膏（粉色食用色素）
· 绿色糖膏（苔藓绿食用色素和柠檬黄
  食用色素）

制作闭合的牡丹花

1. 把 5cm 的泡沫球粘在 18g 绿色铁丝上，将其晾干。用 4cm 的圆形切模在泡沫球上切出一个圆形，然后用锋利的剪刀将顶部剪去。

2. 用工艺刀对圆形边缘进行修剪，在中心划出一个如图所示的 X 形，深度为 2cm。用一个小勺子将顶部 4 个部分的泡沫剜出来，在泡沫球顶部做出一个洞。

3. 把淡粉色糖膏揉薄，切出 11 个有圆齿的牡丹花瓣，大小为 4cm×4.5cm。包裹好防止干掉。

4. 使用 4 个花瓣，在坚硬的表面上用 JEM 牌翻糖花瓣纹路棒压出纹路，然后用圆形塑形球棒在花瓣边缘造出浅杯形。

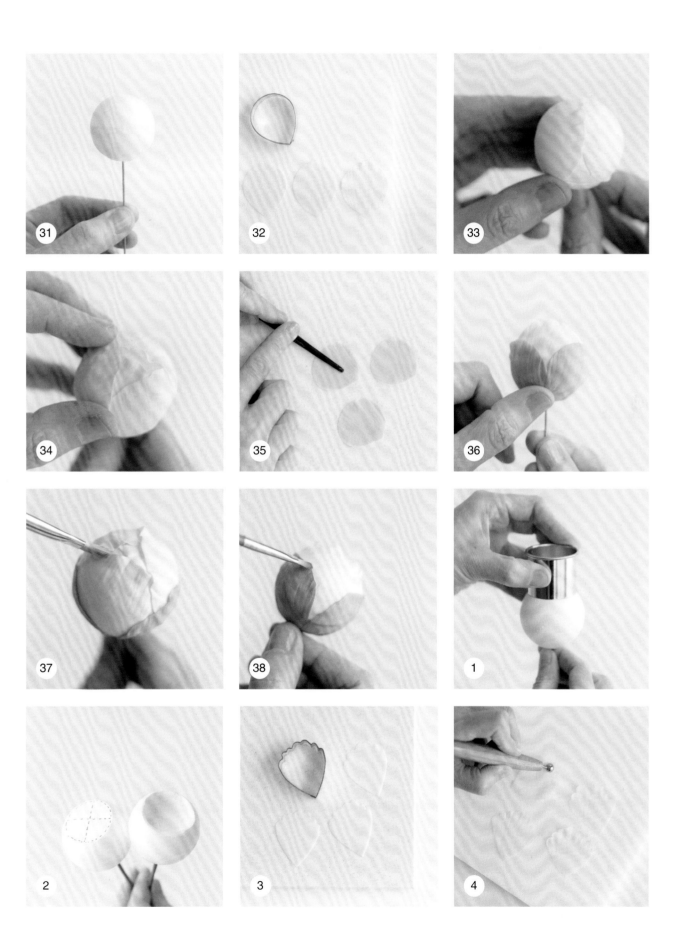

5. 在 4 个花瓣的背部都沾上糖胶，然后把它们放入泡沫球顶部的洞里，把花瓣叠压在一起，使花瓣边缘高于洞口。如果需要，可以用平滑工具帮助按压这些花瓣使其定型。

6. 按之前的步骤再制作 4 个花瓣，继续往洞里填充，叠压在之前的花瓣上，保持高度相同。不要使花瓣太完美太紧，杂乱点可以使花朵看起来更加自然。

7. 再按照同样的方法制作 3 个花瓣，这次，在花瓣中间沾上一点糖胶，从中间开始揉搓花瓣，但保持花瓣顶部的浅杯形不变。把花瓣底部的 1/3 减去。

8. 在花瓣底部沾上一点糖胶，放入到小洞剩余的孔里，把洞完全填满。用圆头塑形工具的底部帮助按压，将花瓣固定在洞里，注意不要把花瓣顶部边缘弄平。如果还有空隙就多添加一点花瓣。花的中心看起来要饱满，但不失精致。

9. 把淡粉色糖膏揉薄，再切出 5 个同样的花瓣，按照同样的方法准备好花瓣。

10. 给花瓣的前部刷上糖胶，注意不要刷到浅杯形的地方。把花瓣间隔均匀地粘到泡沫球上用花瓣上浅杯形的地方覆盖住泡沫球的开口处。将花瓣揉至平滑，使花瓣紧紧粘附于泡沫球之上。

11. 制作外层花瓣的时候，将淡粉色糖膏揉薄，切出 5 个型号为 4.7cm×5.3cm 的玫瑰花瓣。放在一个坚硬的平面上，用 JEM 牌翻糖花瓣纹路棒压出纹路。

12. 在花瓣的底部剪出一个 2cm 的口子，把花瓣分别放入型号为 5cm 的浅杯形塑形器中，将花瓣底部的口子旁的糖膏折叠起来，一半压在另一半上，使花瓣能更好的定型成浅杯状。用手指把花瓣揉至平滑，简单地把花瓣晾一会，直到花瓣有浅杯形即可。

13. 把花瓣内侧的左右两边沾上糖胶，将花瓣间隔均匀地粘附在泡沫球上，使花瓣的顶部与内层花瓣高度持平，或者比内层花瓣稍微低一点。

14. 按照同样的步骤，再制作 5~6 个相同大小的花瓣。在花瓣内部的左右两边涂上糖胶，把花瓣粘附在花的周围，作为第二层花，覆盖住第一层花瓣，但要使花瓣紧紧粘附在泡沫球上。按照自己的需要，可以再添加一些花瓣，将它们粘的更低一点或者让它们开放程度更大些。

15. 按照自己的喜好，你可以按照第 35~38 步为牡丹花苞添加花萼那样进行添加，花萼的制作要用型号为 3cm×4.7cm 的玫瑰花瓣切模。如果不想添加花萼，但是泡沫球又能被看见，用同样颜色的糖膏切出一个圆圈形作为花瓣，沾上一点糖胶，然后粘到泡沫球上，将其晾干。

16. 当你想制作一个美丽的淡粉色闭合牡丹花时，不需要给整个花染色。给中间花瓣的顶部边缘染上淡粉色粉，使花瓣颜色更亮。给花萼染上苔藓绿色粉，然后在花萼边缘染上一点粉色粉。将闭合的牡丹花蒸几秒，使色粉定型，在使用之前确保其完全晾干。

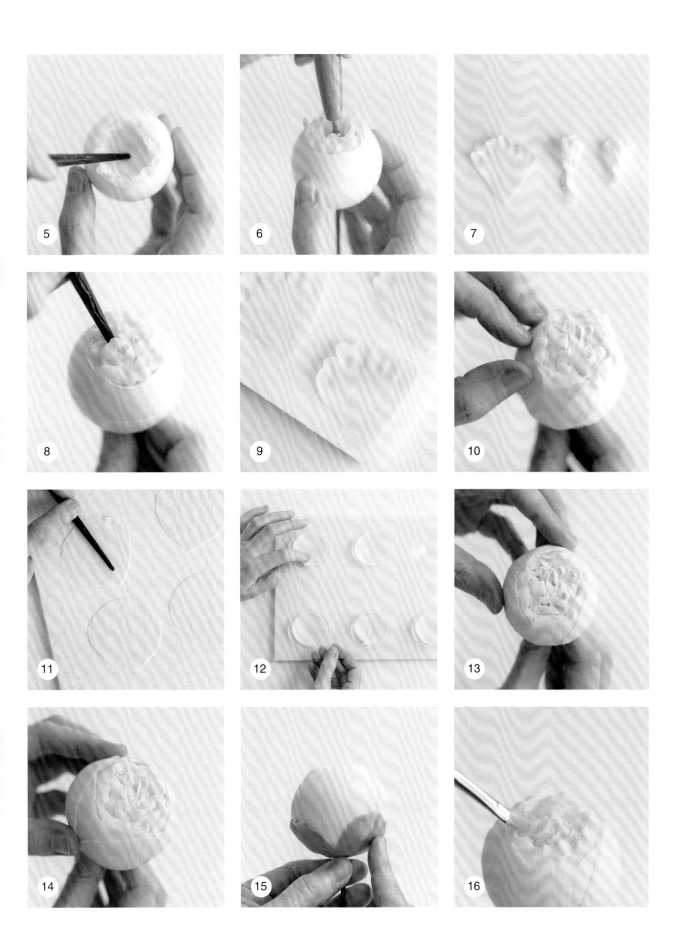

蝴蝶兰

蝴蝶兰颜色繁多，包括粉色和紫色，是最受大家喜爱的兰花之一。我最爱白色花瓣的蝴蝶兰，在花心点缀上别的颜色。尽管每朵花有7瓣，但是制作起来比它的外表看起来还要简单。我们可以每次做一个花瓣，直到花朵绽放。蝴蝶兰相当适合装饰在蛋糕的侧边，或者在绣球花和填充花上方放上一层，简洁又时尚。

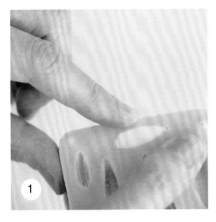

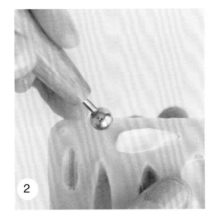

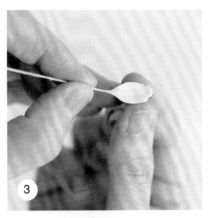

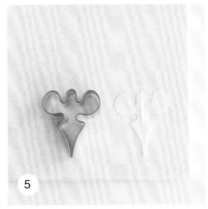

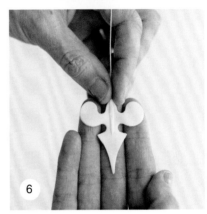

你需要用到的特殊工具

· 兰花合蕊柱的模具（Cakes by Design 品牌）
· 兰花花心切模（SK Great Impressions 品牌或者 Sugar Art Studio 品牌）
· 兰花花瓣切模和纹路模（SK Great Impressions 品牌或者 Sugar Art Studio 品牌）
· 兰花花萼切模和纹路模（SK Great Impressions 品牌或者 Sugar Art Studio 品牌）
· 竹扦
· 泡沫蛋托
· 白色花艺纸胶布
· 红色凝胶色素和细头笔刷
· 30g 白色铁丝
· 22g 绿色铁丝
· 水仙黄、品红色以及猕猴桃绿色粉
· 白色糖膏
· 淡黄色糖膏（柠檬黄食用色素）
· 浅绿色糖膏（鳄梨绿食用色素）

制作花心

1. 取一小块白色糖膏，把它按压在合蕊柱的模具上。用糖膏把模具填满一点，以便进行下一步的操作。

2. 用小号的塑形球棒按压糖膏，把合蕊柱前端的 2/3 往下压空。

3. 将弯过钩的 30g 白色铁丝从合蕊柱底部插入余下的 1/3 的糖膏中，粘牢（见准备工作）。让其充分晾干。

4. 取白色糖膏在花茎板上揉薄至 2mm。

5. 把糖膏翻过来你就能看到背部压出的茎，用切模切出花心的形状，保留如图所示的少部分的茎即可。

6. 将 30g 白色铁丝插入背部凸出的茎中，将铁丝跟花心底部粘牢。

7. 将兰花花心在花瓣纹路模上压出纹路，注意不要碰到花心的尖头部分。

8. 把花心放在泡沫板上，压出的茎朝下，用塑形球棒将花心左右两瓣压出浅浅的半圆。

9. 用剪刀将尖头部分从中间剪开，往下剪到最宽的部分即可停下。

10. 拿一根竹扦将剪开的两个尖头朝着中心的方向卷几下（用牙签或者针具也可）。

11. 把花心放到浅杯形塑形器里晾一下，确保其充分晾干。

12. 揉出两个淡黄色的小糖膏球作花芽，用糖胶把他们粘到一起，再粘到花的中心位置。在使用前确保充分晾干。

制作花瓣

13. 在花茎板上将白色糖膏揉薄，切出花瓣的形状，并用如图所示最小的凹槽压出花茎。这样会避免铁丝在花瓣上印出过多的痕迹。

14. 将 30g 白色铁丝插入背部凸出的茎中，将铁丝跟花瓣底部粘牢，在泡沫板上用塑形球棒将花瓣的边缘擀薄。

15. 将插好铁丝的花瓣在纹路模上压出花的纹路。

16. 花瓣可以平放着晾干，可以微微地凹出弧度晾干，也可以在花瓣下面垫上一些纸巾再晾干，营造出一种波浪感。每朵蝴蝶兰需要 2 个花瓣。

制作花萼

17. 在花茎板上将白色糖膏揉薄，切出花萼的形状，并用如图所示最小的凹槽压出茎。

18. 将 30g 白色铁丝插入背部凸出的茎中，将铁丝跟花萼底部粘牢，在泡沫板上用塑形球棒将花萼的边缘擀薄。

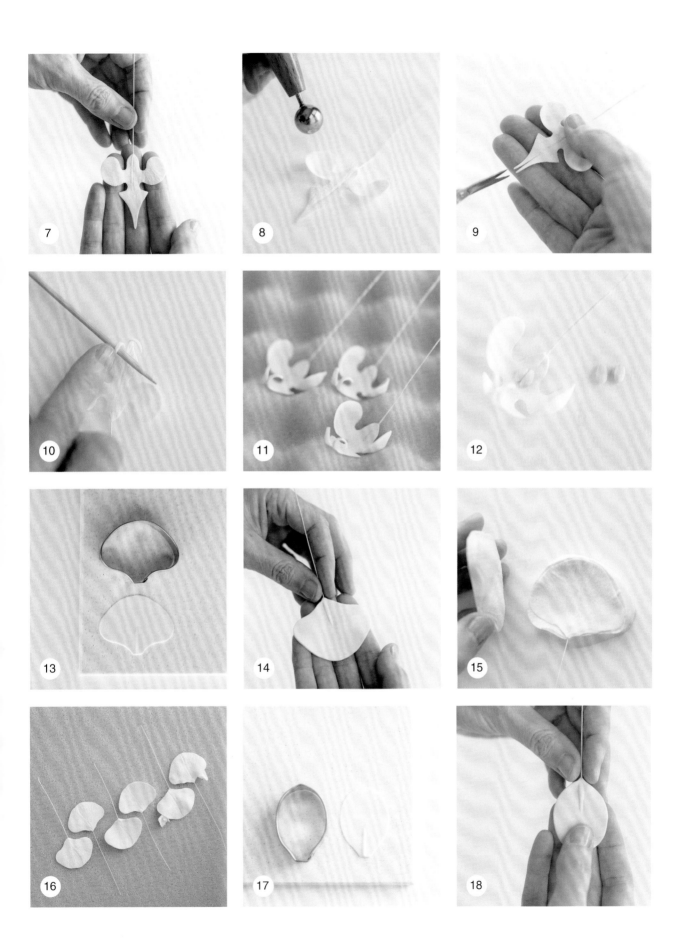

19. 将插好铁丝的花萼在花萼纹路模上压出纹路。

20. 记住，晾干时花萼的形状必须与花瓣的形状保持一致，否则它们就不搭了。如果花瓣是平的，那么花萼也需要平放着晾干；如果花瓣微微地带点波浪感，那么就把花萼放在浅杯塑形器里晾干，这样花萼就会轻轻弯曲与花瓣隔开。如果花瓣是微微凹出弧度的，那么花萼也要以同样的方式晾干。每朵花做 3 个花萼。

装好蝴蝶兰以及上色

21. 把兰花的中心刷上黄色，色粉要覆盖整个花芽，包括花芽的两边。

22. 在所有的花瓣和花尖上刷上暗粉色或者品红色粉。

23. 用一个极细的刷子或者牙签的顶头粘上红色的凝胶色素，在花芽以及整个花心位置点上密集的小点。

24. 把合蕊柱的前端刷成粉色，把它的背面以及下方少许位置刷成黄色。在合蕊柱凹进去的位置点上一些红色的小点。让这些小点充分晾干。

25. 用半宽的花艺纸胶布将合蕊柱和花心的铁丝牢牢绑在一起。蒸几秒让它们充分着色（具体方法见准备工作）。在加入花瓣和花萼前要将合蕊柱以及花心充分晾干。

26. 用胶带在花心的左右两边分别缠上一个花瓣。

27. 接下来用胶带缠上 3 个花萼，每次缠一个，3 个花萼整整齐齐的摆放在花瓣的后面，形成一个三角形。将一个花萼粘到顶部，置于两个花瓣之间，另外 2 个花萼分别被花瓣遮挡着，微微露出一部分，左右边各一个。最后将铁丝从上至下缠绕上绿色胶布，制作出一枝完整的花茎。

制作花苞

28. 把一小块绿色糖膏揉成球，将 22g 顶部有弯钩的绿色铁丝插进球中，粘牢。

29. 拿上一把剪刀，将花苞由上至下均匀地划出 3 个凹痕，让它充分晾干。

30. 将这 3 部分刷成猕猴桃绿，接着在花苞的顶端添上一点粉色（或者其他与花相配的颜色也可）。蒸上几秒让其充分着色，使用前确保其充分晾干。

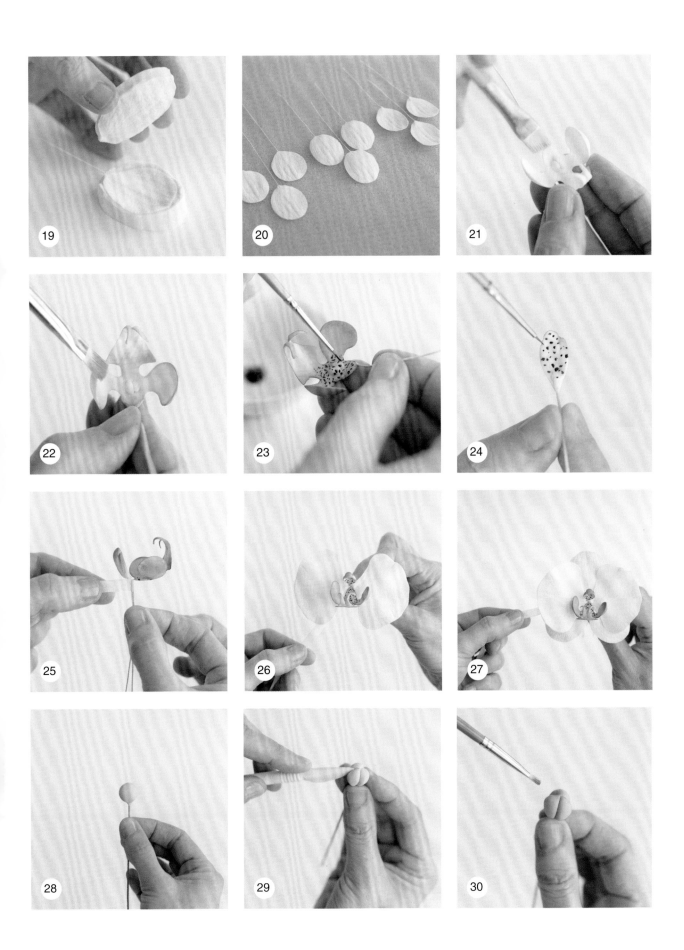

毛茛花

　　毛茛花以其多层精致美丽的花瓣和独特的绿色花心成为春天里的宠儿。一般标准大小的毛茛花有5~6层花瓣。制作这种花的关键点在于不断地练习制作花瓣和粘贴花瓣，这样就可以有空闲时间在基础花之上进行创造。可以制作一个完全开放的毛茛花作为标志性花，或者可以做一些相同型号的毛茛花，把它们放在蛋糕顶端。

 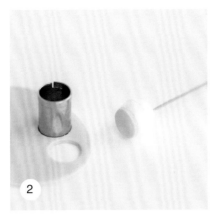 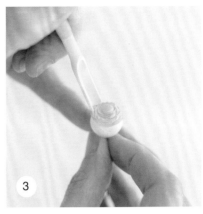

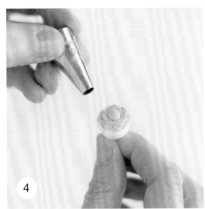 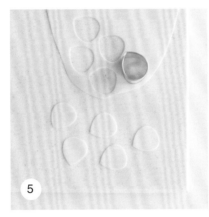 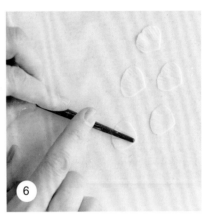

你将用到的特殊工具

··············

· 1.5cm 的泡沫球
· 20g 绿色铁丝
· 1cm 的圆圈切模
· 第 10 号圆管塑形器（管嘴）
· 扇形塑形工具
· 4 个不同型号的不锈钢玫瑰花瓣切模：
  1cm×1.5cm，2cm×2.3cm，2.5cm× 2.5cm
  和 3.2cm×3.2cm（Cakes by Design 品牌）
· JEM 牌翻糖花瓣纹路棒
· 4.7cm 的花萼切模（Cakes ·by Design 品
  牌或 SUNFLOWER SUGAR ·ART 品牌）
· 雏菊粉色粉
· 猕猴桃绿色粉
· 苔藓绿色粉
· 淡绿色糖膏（鳄梨绿食用色素）
· 淡粉色粉（粉色食用色素）

制作花心

1. 在 1.5cm 的泡沫球上涂上一层糖胶，插入到 20g 绿色铁丝上，用锋利的剪刀剪下顶部的大约 1/3 部分，做出一个直径为 1cm 的平面。

2. 把绿色糖膏揉薄至 3mm，用圆圈切模切下一个圆圈。在圆圈上刷上糖胶，把圆圈粘到泡沫球平坦的表面上。

3. 用扇形塑形工具随意的绕着圆圈在糖膏的周围按压，使压纹相互叠压，看起来像是很多层花瓣一样。

4. 用第 10 号圆管塑形器（管嘴）使劲按压糖膏的中心，制作出一个凸起的圆圈。在添加花瓣之前，让花心干燥几个小时。

制作花瓣

5. 把淡粉色糖膏揉薄至 2mm，切出 5 个最小型号的花瓣，尺寸为 1cm×1.5cm。

6. 在坚硬的表面，用 JEM 牌翻糖花瓣纹路棒给花瓣压出纹路。

7. 在泡沫板上用圆形塑形棒以圆圈的方式对整个花瓣进行擀压，从花瓣中心到边缘。

8. 把花瓣翻过来放几秒，直至定型

9. 在花瓣内部刷上糖胶，沿着花瓣左边到右边刷出一个 V 形。将 5 个花瓣间隔均匀地粘到花心上，高度要比花心高出 5mm，最后一个花瓣的边缘要压在第一个花瓣下面。

10. 再做 5 个同样大小的花瓣作为第二层，把第二层的第一个花瓣放在第一层花瓣的两个花瓣之间，高度与之持平。间隔均匀地添加剩下的花瓣，最后一个花瓣的边缘要压在第一个花瓣下面。

11. 用型号为 2cm×2.3cm 的切模切出 5 个花瓣，作为第三层。在粘贴这些花瓣的时候要保证它们在同一高度上，与上一层之间留出间隔，但要稍微开放一点。这一步完成之后的花就可以用作花苞了。

12. 再制作 6 个与第二层相同大小的花瓣，作为第四层，将它们粘在花心上，使它们开放程度更大一点。

13. 用型号为 2.5cm×2.5cm 的切模做出 6 个花瓣，作为第五层。第六层可以添加用型号为 3.2cm×3.2cm 切模做出的 6 个或 7 个花瓣。每一层花瓣都要比上一层开放程度更大一点。

14. 为了使花朵看起来完全开放，再制作几朵与最后一层型号相同的花瓣，如果你想要花朵开放效果更加引人入胜，就做几个型号更大一点的花瓣。随意地把花瓣粘在花上，高度要比上一层花瓣低，而且处于开放状态，或者处于同一高度，但开放程度要更大（图 17、图 18）。在使用之前确保毛莨花完全晾干。

制作花萼（按需求选择）

15. 把绿色糖膏揉薄，切出型号为 4.7cm 的花萼模型。在泡沫板上用圆形塑形棒在花萼最宽处做出浅杯形。把花萼中心和花萼顶部刷上糖膏。

16. 把花萼粘在花朵或者花苞的底部，用手指将花萼揉至平滑。将其晾干。

给毛莨花染色

17. 给毛莨花中心染上猕猴桃绿色粉。从中心向外在第一层或第二层花瓣上也染上猕猴桃绿色粉。用苔藓绿色粉给花萼染色，同时给花朵底部染一点。

18. 在花瓣顶部边缘染上雏菊粉色粉。把色粉蒸几秒（见准备工作）。在使用之前保证其充分晾干。

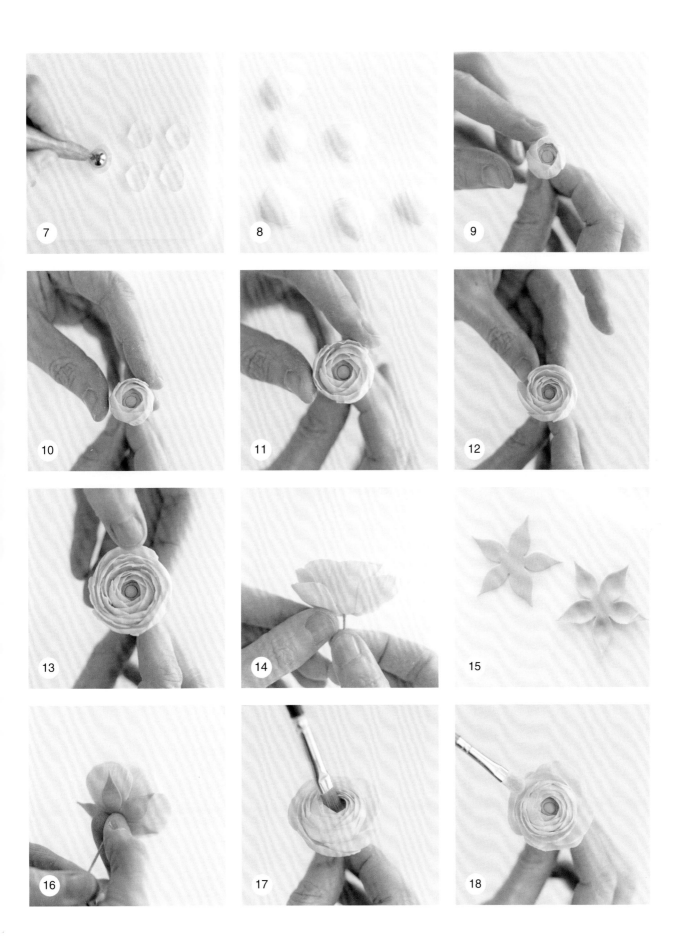

英式玫瑰

这种英式玫瑰花完美结合了精致的圆形中心和外面两层开放且松散的花瓣。你可以很容易在外层添加更多的花瓣来制造出花朵更加开放的状态。经典的软桃色与绿色绣球花和玫瑰叶的混合搭配堪称完美，但是应用粉色调的玫瑰也同样令人惊艳。

 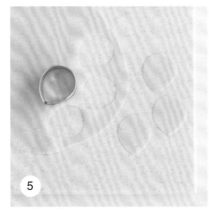 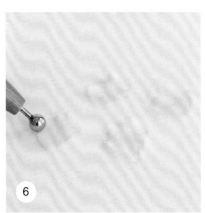

你将用到的特殊工具

· 4cm 的泡沫球
· 20g 绿色铁丝
· 工艺刀
· 5 种型号的玫瑰花瓣切模：2cm×2.3cm，
  3.5cm×4.3cm，4cm×4.7cm，4.7cm×5.3cm，
  5cm×6cm。
· XL 号玫瑰花瓣切模（Marcel Veldbloem
  Flower Veiners 型号）
· 小剪刀
· 7.5cm 的花萼切模（JEM 牌大号花萼）
· 5cm 半圆浅杯塑形器
· 6.5cm 半圆浅杯塑形器
· 桃红色粉
· 苔藓绿色粉
· 白色糖膏
· 淡桃粉色糖膏（奶油桃粉色食用色素）
· 绿色糖膏（鳄梨绿食用色素和柠檬黄食用
  色素）

制作花心

1. 给一个直径为 4cm 的泡沫球刷上糖胶，粘在一个 20g 绿色铁丝上。

2. 在泡沫球顶部用圆圈切模切出一个直径为 2.3cm 的圆圈形状，然后用锋利的剪刀剪下。

3. 用工艺刀在圆圈的表面切出一个 X 形，大概 1cm 深，然后去掉圆圈里的泡沫，使最后形成的洞高度相同。

4. 用小勺子把洞里剩余的泡沫剜出来，用手指把粗糙的地方往下按一按，做成

的洞表面不必过于平滑，只要能进行填花就行。

5. 把淡粉色糖膏揉薄至 1mm，然后切出 8 个型号为 2cm×2.3cm 的玫瑰花瓣。

6. 用球形塑形棒在泡沫板上把糖膏揉薄，轻轻地在顶部边缘做出褶皱，使花瓣看起来具有波浪感。

7. 在花瓣背面涂上糖胶，在泡沫板中心孔的内边缘周围均匀地放置 4 片花瓣。

8. 用同样的方法准备剩下的 4 个花瓣，然后把它们卷成开放的锥形，在底部把花瓣捏住。

9. 把糖胶涂抹在卷起的花瓣底部，随意将其放入开口中以填充花朵的中心。用小刷子的圆头或小号万能白棒把花瓣牢牢地粘在开口中。如果想填补更多的空隙，就多做点花瓣。记住不要在花朵中心添加太多的花瓣，这样会让花看起来很厚重。在花朵中心留出部分空隙，会让花朵看起来轻盈美观。

制作内层花瓣

10. 切出 5 个型号为 2cm×2.3cm 的花瓣，用球形塑形棒将花瓣边缘擀薄。在花瓣的整个表面涂上糖胶，间隔均匀地把它们放置在花心周围，这样就可以遮盖住任何可见的泡沫球开口的边缘。

11. 切出 5 个型号为 3.5cm×4.3cm 的花瓣，用球形塑形棒将花瓣边缘擀薄。就像制作小花瓣时一样，在花瓣的整个表面涂上糖胶，间隔均匀地把它们平放在花心周围。在花瓣底部扯一下，使花瓣上半部分能更好地贴合在泡沫球上。用剪刀把扯出来的多余糖膏剪去，用手指把剪下的接缝抚平掩盖。

12. 用同样大小的 5 朵花瓣重复同样的过程，用花瓣覆盖住前面一层花瓣的连接处。

13. 添加至少 50% 的白色糖膏在所用的有色糖膏上，使糖膏颜色变浅。这样会使花朵中心颜色更深，花看起来更加具有层次感，同时也会使外层花瓣看起来更加精致。把糖膏揉薄，切出 5 个型号为 4cm×4.7cm 的花瓣。用球形塑形棒把花瓣边缘擀薄，然后用玫瑰花瓣压纹模压出纹路。

14. 用小剪刀在花瓣底部剪出一个 1cm 长的小口子。

15. 把花瓣平整的放在型号为 5cm 的浅杯形塑形器中，把花瓣的 2 个尖端叠合在一起，以便花瓣与塑形器紧密贴合。在塑形器里放 1~2min，直至花瓣定型为浅杯状。

16. 在花瓣内部刷上少量糖胶，沿着花瓣左边到右边刷出一个 V 形。间隔均匀地把花瓣粘附在花心周围，使花瓣的顶部稍微张开，最后一个花瓣的边缘要压在第一个花瓣下面。

17. 重复同样的过程，制作第二套同样大小的花瓣。这次在粘贴花瓣的时候，使花瓣的顶部开放程度更大一点。

18. 切出 5 个型号为 4.7cm×5.3cm 的花瓣，用球形塑形棒把花瓣边缘擀薄，然后用玫瑰花瓣压纹模压出纹路。用同样的方法准备好花瓣，在花瓣底部剪一个口子，把花瓣顶部叠合在一起，放入型号为 5cm 的浅杯塑形器中，直至花瓣定型为浅杯状。

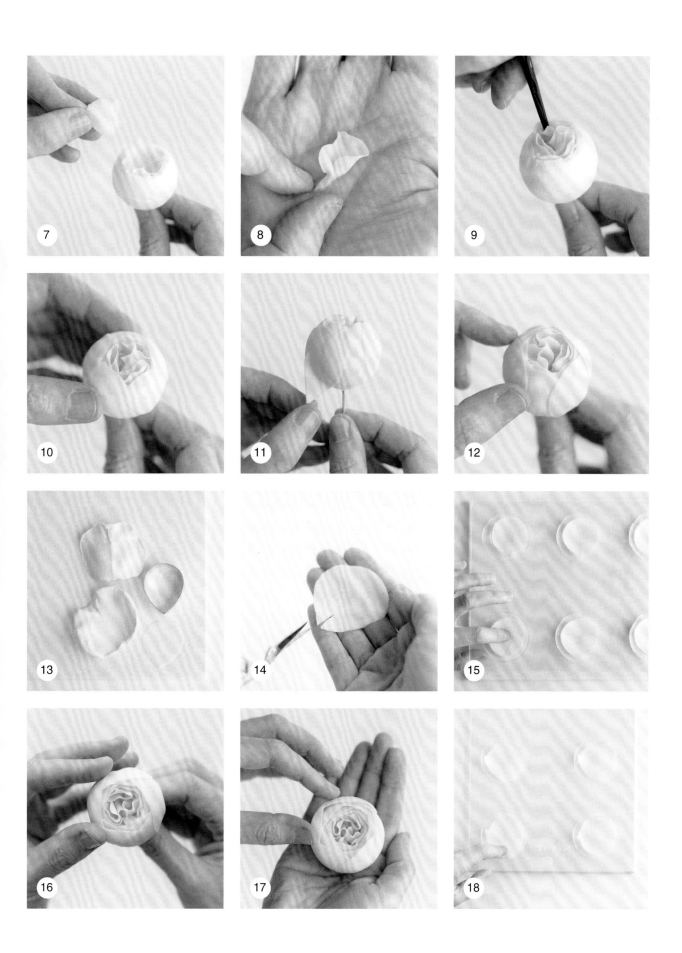

19. 在花瓣内部刷上少量糖胶，沿着花瓣左边到右边刷出一个 V 形。把花瓣间隔均匀地粘在花的周围，使花瓣顶部开放程度更大一点。花心制作到此结束。

制作外层花瓣

20. 按照第 18 步，再制作出两个同样大小的花瓣。

21. 在花瓣内部刷上少量糖胶，沿着花瓣左边到右边刷出一个 V 形，把花瓣粘在花上，使这两个花瓣差不多彼此相对，开放程度更大一点。

22. 切出 3 个型号为 5cm×6cm 的花瓣，用球形塑形棒把花瓣边缘擀薄，然后用玫瑰花瓣压纹模压出纹路。也可以根据要求在花瓣顶部做出一点波浪感。把花瓣放置在型号为 6.5cm 的浅杯塑形器中，直至花瓣干燥到可以定型为浅杯形。

23. 在花瓣内部刷上少量糖胶，沿着花瓣左边到右边刷出一个 V 形，把花瓣粘在花上，填补好花朵上的空缺部分，使它们较上一层更加开放一点。如果花瓣过长，就用剪刀把花瓣底部修剪一下。在这要记住一个诀窍，不要尝试把花瓣放得整齐对称，而是要稍稍偏离花朵中心。根据需要，可以添加更多的花瓣。把花悬挂着晾干，在外层花瓣中间垫上一些小的泡沫垫或纸巾，使花瓣看起来处在开放状态，并且可以帮助花瓣定型。

制作花萼（具有可选择性）

24. 把绿色糖膏揉薄，切出型号为 7.5cm 的花萼形状。

25. 在泡沫板上用圆形塑形棒把花瓣边缘擀薄。

26. 用剪刀在花萼边缘剪出更多的小口子，制造出精致的边缘。

27. 下面要使花萼边缘看起来不再平整，用圆形塑形棒把花瓣边缘弄皱，直到花瓣边缘开始卷曲，看起来有点褶皱状。

28. 把花萼翻过来，把糖胶涂在中心和部分花萼上，然后粘在花的底部。把花完全晾干。

给玫瑰和花萼染色

29. 给玫瑰中心的花瓣染上非常淡的桃粉色粉，外层花瓣不染任何色粉，使其保持原来的颜色，看起来轻盈美观。

30. 给花萼染上苔藓绿色粉，在玫瑰花底部也染上一点这样的色粉。把花萼蒸几秒，使色粉牢牢粘附其上（见准备工作），确保在使用之前花朵充分晾干。

小贴士：

　　为了做出外观更加美观的玫瑰花，在给花瓣涂上糖胶之前，最好用手拿着花瓣放在花朵的不同位置上，寻找出最合适的位置。

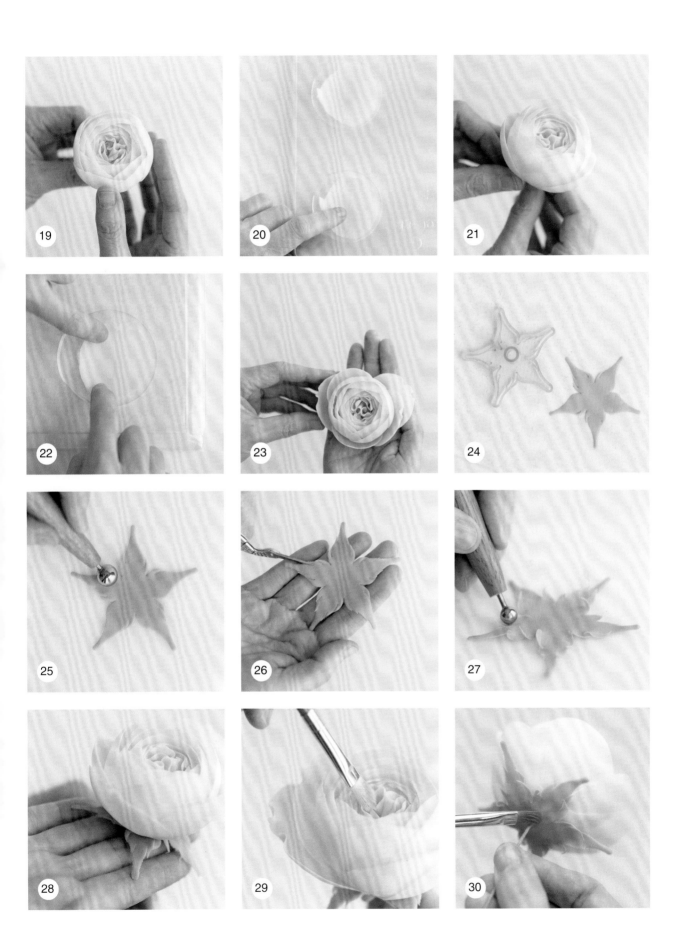

花园玫瑰

　　制作这样一个千姿百态的花园玫瑰需要两个阶段。第一阶段，制作出精美的花瓣并插上铁丝，静待晾干。第二阶段，先做出玫瑰花心，将干燥的花瓣作为塑形器，把柔软的花心置于花瓣上晾干。柔软的玫瑰花心和干燥的花瓣完美地结合在一起，没有任何缝隙。花园玫瑰精致可爱，非常适合放在蛋糕顶部的边缘。

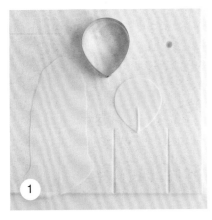

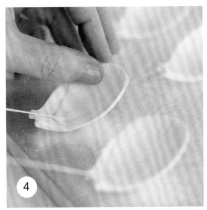
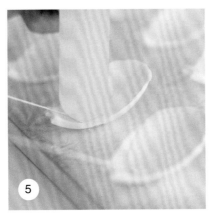
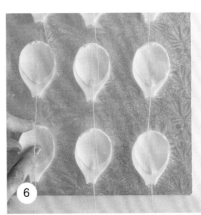

你需要用到的特殊工具

·4个尺寸的玫瑰花瓣切模：2.3cm×2.5cm，
 3cm×3.5cm，4cm×4.7cm，4.7cm×5.3cm
·大玫瑰花瓣纹路模（SK Great Impressions
 品牌）
·30g 白色铁丝
·20g 白色铁丝
·塑料汤匙作塑形器
·直径为 6.5cm 的半圆形浅杯塑形器
·小剪刀
·绿色花艺纸胶布
·泡沫花苞（2cm 高）
·波斯菊粉色粉
·淡粉色糖膏（粉色食用色素）

制作带铁丝的小花瓣

1. 在花茎板上将淡粉色的糖膏揉薄，压出花茎，切出一个尺寸为 4cm×4.7cm 的玫瑰花瓣。在泡沫板上用塑形球棒将花瓣的边缘擀薄。

2. 在 30g 白色铁丝的顶端沾上糖胶并将它插入花茎中，轻轻拧一拧将铁丝和花瓣的接口处，确保粘牢（见准备工作）。

3. 在纹路模上压出花瓣的纹路。

4. 轻轻将花瓣平放着贴在塑料汤匙上，把汤匙顶部的糖膏沿着汤匙边缘稍稍往

下卷一点，不要把花瓣顶部整个都向下卷，只需随意地卷一部分即可，这样看起来更加精致。记住要先在汤匙上撒上一些玉米淀粉再放入花瓣，防止汤匙顶部的花瓣贴得不均匀，产生气泡。

5. 用塑形球棒或者圆头的擀面杖按压花瓣的基部，这样糖膏和铁丝都会和汤匙的形状保持一致。

6. 制作 12 个小花瓣，让它们充分晾干。

制作带铁丝的中号花瓣

7. 重复小花瓣同样的制作步骤，切出尺寸为 4.7cm × 5.3cm 的花瓣。把花瓣边缘擀薄，插入 30g 白色铁丝，在纹路模上压出花瓣的纹路。

8. 轻轻将花瓣平放着贴在跟花瓣相同尺寸的塑料汤匙上，把汤匙顶部的糖膏沿着汤匙边缘稍稍往下卷一点，不要把花瓣顶部整个都向下卷，只需随意地卷一部分即可，这样看起来更加地精致。不要折叠花瓣的侧边，用塑形球棒或者圆头的擀面杖按压花瓣的基部，这样糖膏和铁丝都会和汤匙的形状保持一致。

9. 制作 6 个中号花瓣，让它们充分晾干。

制作带铁丝的浅杯形花瓣

10. 重复小花瓣同样的制作步骤，切出 3 个尺寸为 4.7cm × 5.3cm 的花瓣。把花瓣边缘擀薄，插入 30g 白色铁丝，在纹路模上压出花瓣的纹路。将每个花瓣置于一个 6.5cm 的浅杯形塑形器中，将花瓣的顶部沿着塑形器的边缘向下随意的卷上一部分。

11. 用塑形球棒或者圆头的擀面杖按压花瓣的基部，这样铁丝就会和塑形器的形状保持一致。让这 3 片浅杯形花瓣充分晾干。

制作花心

你需要将干燥好的小花瓣作为一个塑形器，用来晾干制作好的花心。

12. 将一个 20cm 高的泡沫花苞粘到 20g 铁丝顶部。

13. 将淡粉色的糖膏揉薄至 1mm，切出 3 片 2.3cm × 2.5cm 的花瓣。在纹路模上压出花瓣的纹路并在整个花瓣的表面涂上糖胶。把花瓣盘旋着粘到花苞上，覆盖住花苞顶部。

14. 再切出 3 朵同样尺寸的花瓣，在纹路模上压出花瓣的纹路，放在泡沫板上用塑形球棒压出浅杯形，并在花瓣的顶部边缘擀出稍许波浪感。将花瓣下半部分涂上糖胶，将它们均匀地贴到花苞上，粘贴花瓣的起点要略微高出上一层花瓣，让它们微微开放。

15. 用同样的方法再做出 3 片花瓣，粘贴时略高出上一层花瓣，让花朵盛开的幅度略大一些。

16. 用同样的方法再做出 3 片花瓣，粘贴时再略高出上一层花瓣，让花朵盛开的幅度更大。

17. 切出 3 片更大的花瓣，尺寸为 3cm × 3.5cm，照刚才的方法粘贴上去，同样的，起点要更略高出上一层花瓣。

18. 切出和上一步相同尺寸的 3 片花瓣，粘得略高一些，开得更大一些。

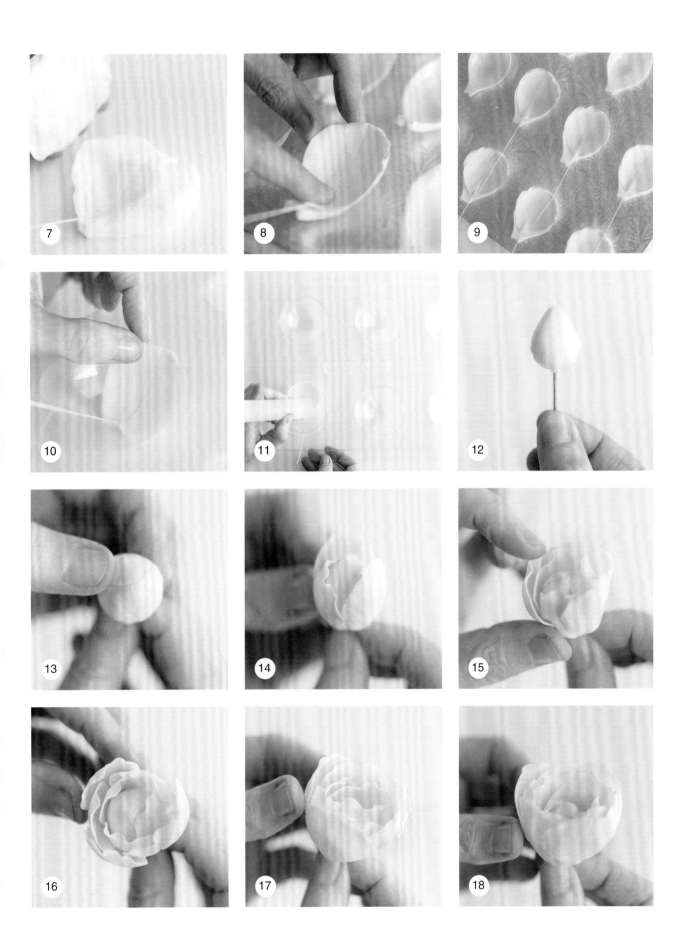

19. 在这一步我们需要拿出一个干燥的小花瓣作为衡量玫瑰花心高度和尺寸的标准。干燥的小花瓣要比花心最外层的花瓣稍微高出一些，而且要能够完整地环绕在花心底部。

20. 如果玫瑰花心的底部较宽或跟小花瓣形状不合，必要的话可以用剪刀剪去一小部分，以适应3个小花瓣的加入。

21. 用半宽的花艺纸胶布将3片干燥的带铁丝的小花瓣缠绕在花心的周围，帮助保持花心的形状。小花瓣可以作为中间的塑形器，这样外层干燥的花瓣和花心就可以完美地结合在一起，看起来非常自然。根据内层花瓣的塑形需要，也可以放一点泡沫块或者纸巾进去支撑，帮助定型。

22. 在将小花瓣缠绕在花心周围后，静待花心晾干。

装好整朵玫瑰花

除了最后一层外，每一层花瓣都以3片为一组，依次缠绕。

23. 用半宽的布艺纸胶布将3片小花瓣继续缠到花心上，每一片花瓣都要放在上一层2片花瓣之间，3片花瓣的摆放要整齐。

24. 6片中号的花瓣也以同样的方式缠绕上去，分成2层，每层3片花瓣。

25. 取出3片浅杯形的花瓣，继续以同样的方式缠绕上去。

26. 将剩下的花瓣继续缠绕上去，根据自己想要的花朵的形状，选择缠5片或者6片。最后将铁丝从上至下全部缠绕上绿色胶布，制作出一枝完整的花茎。

给玫瑰花上色

27. 用一枝浓密的圆头笔刷沾上波斯菊粉色粉，花瓣外侧和底部随意地刷上几圈，点上几点，也需要给花心上点颜色。

28. 用平头刷给花瓣顶部的边缘刷上点粉色。

29. 轻轻地把花瓣打开一些，然后蒸上几秒至完全着色（见准备工作）。在使用前确保它充分晾干。

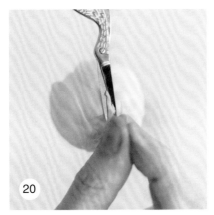

小贴士：

　　为了使玫瑰花的造型更加多样化，我们也可以做出一些只有2层或者3层花瓣的玫瑰花，把它们跟盛开的玫瑰混合在一起，这样可以使整体搭配更加自然。

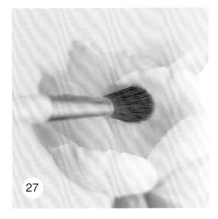

蔓藤玫瑰

　　这些小巧、精致又美观的蔓藤玫瑰是用 2 种型号的 5 瓣玫瑰切模做成的。第一种花是用更加经典的螺旋状把花瓣缠绕成一个锥形，但第二种就是较为随意的把每个花瓣粘贴在一起，因此你不必担心花朵的完美及对称。事实上，越不对称的花越美丽！它们蜷缩在一起，形成如图所示的一小束，非常可爱，你也可以把它们扎成一小束使用，但也可以单独作为填充花使用。

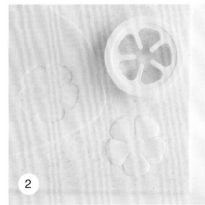

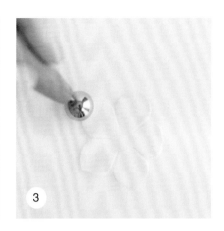

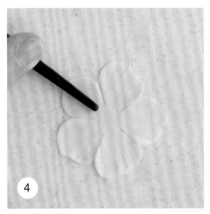

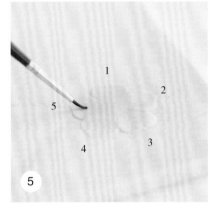

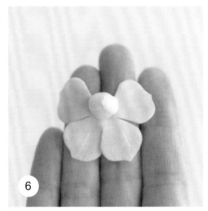

你将用到的特殊工具

· 3 种不同型号的 5 瓣花切模：3.5cm，
  4cm 和 5cm（FMM 牌 35mm 和 40mm，
  和 JEM 牌 50mm）
· 型号为 2.3cm 的花萼切模（PME 牌）
· 26g 绿色铁丝
· JEM 牌翻糖花瓣纹路棒
· 小剪刀
· 花茎板
· 针具
· 泡沫晾干工具
· 花艺纸胶布（绿色）
· 雏菊粉色粉
· 猕猴桃绿色粉
· 淡粉色糖膏（粉色食用色素）
· 绿色糖膏（鳄梨绿食用色素和柠檬黄
  食用色素）

制作花苞

1. 把一个直径为 8mm 的淡粉色糖膏球卷成窄锥形，将其牢牢粘附在 26g 顶部带有弯钩的铁丝上（见准备工作）。确保其完全晾干。

2. 把淡粉色糖膏揉薄至 2mm，切出一个型号为 3.5cm 的 5 瓣花形状。

3. 在泡沫板上，用球形塑形棒把花瓣边缘擀薄，从花瓣中心向外拉长花瓣，轻轻改变花瓣的形状。

4. 用 JEM 牌翻糖花瓣纹路棒快速将花瓣压出纹路。如花瓣之间相互粘黏，就用剪刀轻轻把花瓣底部剪开。

5. 把 5 瓣花形状翻过来，把糖胶涂满蒸所有花瓣。将花瓣用数字 1~5 进行编号（如图所示），按照步骤 6~8，将花瓣粘在泡沫球上。

6. 把花瓣 1 紧绕在圆锥形泡沫板上，覆盖泡沫板顶端。

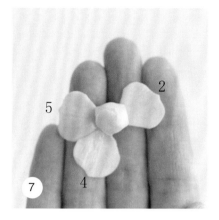

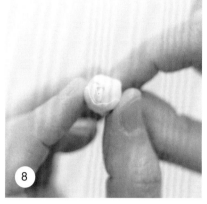

7. 把花瓣 3 紧紧绕在锥形泡沫球上。

8. 将剩下的花瓣按照花瓣 5，花瓣 2，花瓣 4 的顺序粘附在泡沫球上。

9. 用手指按压花朵底部至平滑状态，并且使底部变得圆润。

制作花萼

10. 在中间有洞 4mm 的花茎板上揉搓一个绿色糖膏，切出一个型号为 2.3cm 的花萼形状。

11. 在泡沫板上用球形塑形棒把花萼边缘擀薄并拉长。

12. 用剪刀在花萼边缘剪出几个小口子。把花萼翻过来，用球形塑形棒擀压花萼的每一个部分。

13. 在花萼中间和其他部分涂上少量糖胶。粘在花苞的底部，使花萼稍微开放一点。用之前确保其充分晾干。

制作小玫瑰花

14. 把一个 8mm 的小淡粉色糖膏揉成窄锥形，将其粘附在 26g 顶部带有弯钩的铁丝上。这个窄锥形大小要比型号为 3.5cm 切模中的一个花瓣长度要短，将其完全晾干。

15. 将糖膏揉薄至 2mm，切出 2 个型号为 3.5cm 的花。

16. 在泡沫板上用圆形塑形棒将花瓣边缘部分擀薄，拉长花瓣的中心。

17. 用 JEM 牌翻糖花瓣纹路棒快速将花瓣压出纹路。如花瓣之间相互粘黏，就用剪刀轻轻把花瓣边缘剪开。将花瓣用数字 1~5 进行编号（如图所示），按照步骤 18~20，将花瓣粘在锥形泡沫球上。

18. 在花瓣 1，花瓣 3，花瓣 5 上涂上糖胶。将花瓣 1 按照螺旋状完全粘附在锥形泡沫球上，覆盖住泡沫球顶部。

19. 再将花瓣 3 和花瓣 5 按照螺旋状粘附在锥形泡沫球上。

20. 将花瓣 2 和花瓣 4 的右边涂上糖胶。将它们按照螺旋状粘附在花上，如图所示，留出花瓣左边作为开放部分。

21. 接下来开始制作第二层花瓣，用球形塑形棒把花瓣边缘擀薄，同时拉长花瓣中心。用 JEM 牌翻糖花瓣纹路棒将花瓣压出纹路。

22. 在每个花瓣的下半部分涂上少量糖胶，并将它们随意的粘附在花朵周围，让它们中的一些相互重叠。

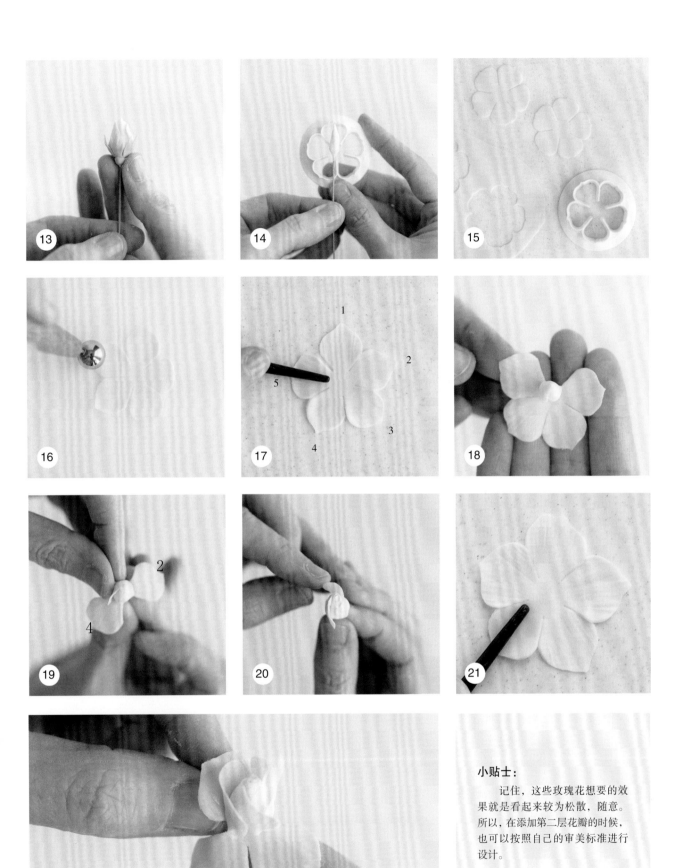

小贴士：

  记住，这些玫瑰花想要的效果就是看起来较为松散，随意。所以，在添加第二层花瓣的时候，也可以按照自己的审美标准进行设计。

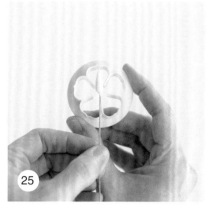

23. 使其中的一些花开放程度更大一些。

24. 按照添加玫瑰花苞的花萼的方法，将花萼添加在花上。

制作中号和大号玫瑰花

25. 将一个型号为8mm的小淡粉色糖膏揉成窄锥形，并将其粘附在26g顶部带有弯钩的铁丝上。锥形的尺寸应该比4cm切模其中的一个花瓣长度要短一些。将其完全晾干。

26. 将糖膏揉薄至2mm，切出2个尺寸为4cm的花，来制作中号玫瑰花，或者切下一个尺寸为4cm和两个尺寸为5cm的花，来制作大号玫瑰花。将花瓣用数字1~5进行编号（如图所示）。

27. 按照制作小玫瑰花时的方法，对尺寸为4cm的花进行拉伸和压出纹路。在花瓣1和花瓣3上涂上糖胶，将它们按照螺旋状紧紧地粘附在锥形泡沫球上。在花瓣2、花瓣4和花瓣5的右边涂上糖胶，将它们按照螺旋状松散，开放的粘附在锥形泡沫球上，将花瓣右边粘在泡沫球上，左边保持如图所示的开放状。

28. 按照同样的方法准备第二层花，但要用针具（或者小号的万能白棒或牙签）随意地将花瓣边缘向前或向后卷曲。必须使花瓣的形状保持多样性。

29. 在每个花瓣的下半部分涂上糖胶，将它们分两层粘附在花上。把花瓣1和花瓣3相互对立的粘在花上，然后花瓣2、花瓣4和花瓣5随意地粘在花的周围。使花看起来有点奇怪，不要弄得很对称。让一个或多个花瓣开放程度很大，以增加花朵造型的别致性。

30. 将中号和大号花朵晾干。晾干的时候要使开放程度最大的花瓣朝下。比较好的方法就是把花插在泡沫晾干工具的边缘，使开放的花瓣在晾干的过程中定型。

31. 按照为花苞和小玫瑰花制作花萼的方法，来制作中号和大号玫瑰花的花萼，将花萼粘附在玫瑰花的底部，将其晾干。

给玫瑰花和花苞染色

32. 给花苞整体染上雏菊粉色粉，在花苞中部、花苞聚集的地方染上中号色调的粉色粉。

33. 将所有的花瓣边缘染上雏菊粉色粉。在玫瑰中心部分花瓣聚集的地方染上一些中等色调的粉色粉，使花朵中心更为突出。

34. 在花萼上染上猕猴桃绿色粉，给花和花苞的底部也染上一点猕猴桃绿色粉。轻轻地把色粉蒸一下，使色粉牢牢粘附其上（见准备工作），在使用花朵之前确保其充分晾干。

制作小花束

35. 用半宽的花艺纸胶布（见准备工作）把花苞按照不同的高度放在一起，然后将它们缠在一起，形成一个单独的花茎。

36. 沿着铁丝向下缠绕，添加几个小玫瑰花，从花朵底部开始缠绕5mm长。添加一片或两片叶子（见备用叶子），从底部开始将它们缠绕在铁丝上。

37. 把胶布接着往下缠绕，再添加几个大玫瑰花（如图所示）。按照你的想法，可以继续进行缠绕。

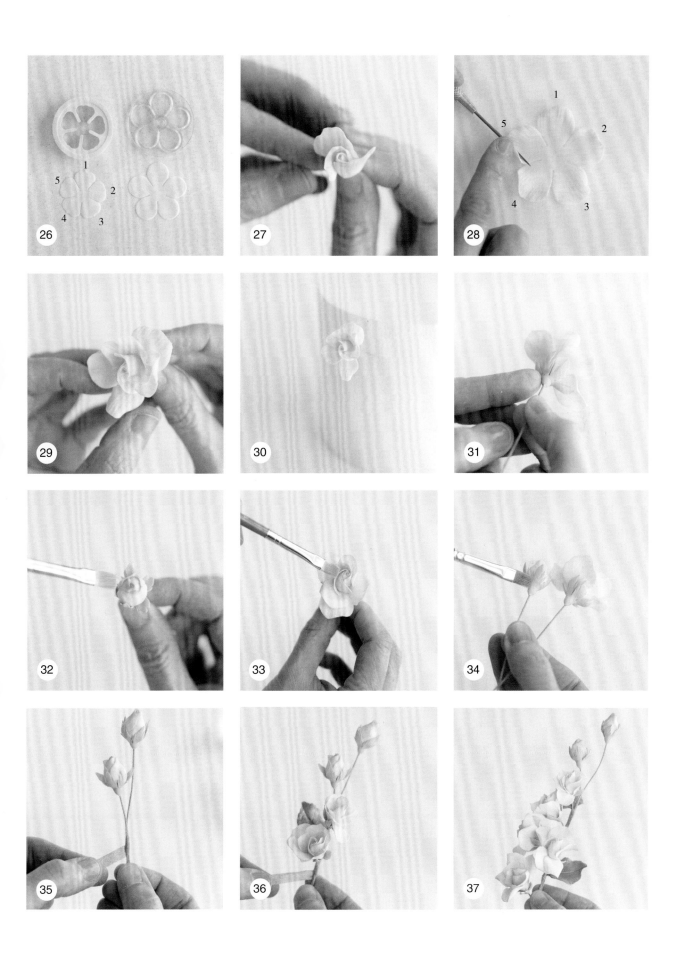

甜豌豆花

　　在春天盛开的甜豌豆花是我个人的最爱，它的颜色繁多，常见的有粉色、紫色、蓝色和白色。甜豌豆花的花朵有 4 个阶段：花苞，半开的花，闭合的花以及一朵盛开的花。豌豆花的花萼极小，看起来干净利落，值得我们额外花点儿时间去好好制作。我们可以将甜豌豆花单独地扎成一小束用于装饰，也可以挑上几个豌豆花朵和花苞，跟其他的花扎在一起，点缀在大花朵之间，甚是好看。

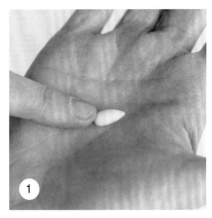

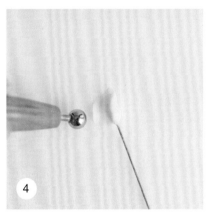

小贴士:

如果一不小心把甜豌豆花的花心做的太大了，可以直接把它用作花苞，它们用来点缀最合适不过了！

你需要用到的特殊工具

· 甜豌豆花切模（PME 中号）
· 1.5cm 6瓣花切模用来制作花萼（Orchard products 品牌）
· 26g 绿色铁丝
· 单面花瓣纹路模（Cakes by Design 品牌）
· 挂架
· 汤匙
· 波斯菊粉色粉
· 猕猴桃绿色粉
· 白色糖膏
· 绿色糖膏（鳄梨绿和柠檬黄食用色素）

制作花心

1. 把一个直径为 5mm 的白色糖膏球揉成 1cm 的圆锥形。

2. 将 26g 顶部有弯钩的铁丝粘到圆锥形糖膏的底部（见准备工作）。

3. 用手指按压圆锥形糖膏的一边和顶端，使其变平。

4. 将糖膏放到泡沫板上，用塑形球棒将变平的部分擀压得更加平整。用球棒在花心外边缘压出一些波浪感。如果有需要的话，也可以在指尖轻轻按压花心背面，让它不要变得太宽。在使用前要确保完全晾干。

5. 为每朵甜豌豆花做一个花心，再把几个花心做大一些，用作花苞。

制作内层花瓣

6. 将白色糖膏揉薄至2mm，密封防止变干。

7. 用压纹模在擀薄的糖膏上均匀地压出一个个花瓣的纹路。

8. 把内层花瓣切模对准压出的花瓣纹路，切出花瓣的形状。

9. 将花瓣花纹朝下置于泡沫板上，用塑形球棒擀薄花瓣的外边。

10. 继续在花瓣的外边擀压，制造出波浪感。

11. 在甜豌豆花心背面涂上少量糖胶。

12. 将内层花瓣纹路朝向我们，粘到花心上，花瓣的中心要和花心的底部对齐，从花瓣到花心都要确保粘牢。

13. 把甜豌豆花挂起来晾干，防止花瓣开得太大。在加入外层花瓣前，让它完全干燥。这些内层花瓣也可以用于制作半开的花。

制作外层花瓣

14. 以制作内层花瓣同样的方式准备糖膏，步骤包括压出纹路，切出外层花瓣的形状。

15. 将花瓣纹路朝下放在泡沫板上，用塑形球棒将花瓣的边缘擀薄，并将边缘压出微微的波浪感。

16. 在内层花瓣背面的下半部分涂上少量的糖胶。

17. 将外层花瓣纹路朝向我们，粘到内层花瓣上，外层花瓣的中心也要和花心的底部对齐。轻轻按压内层花瓣和外层花瓣的贴合之处，确保粘牢。

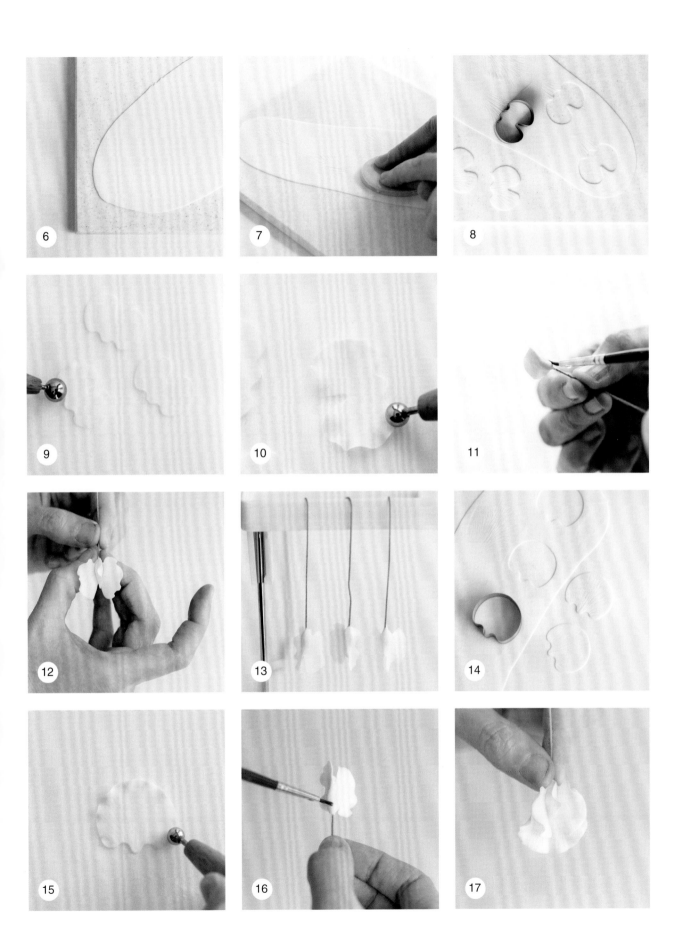

18. 按照自己的需求，也可以将花瓣顶部的中心微微对折，做出中心的纹路。

19. 将一些甜豌豆花倒挂着晾干，这样的花朵会更加紧闭。

20. 将剩下的花朵正面朝上放到汤匙的背面晾干，这样的花朵更加开放和饱满。

制作花萼

21. 将绿色糖膏适度地揉薄，密封防止变干。一次切出几个 1.5cm 的花萼。

22. 把花萼放到泡沫板上，用塑形球棒加宽每个部分。

23. 用指尖将花萼的顶部捏尖。

24. 在花萼上涂上少量的糖胶，将铁丝穿过花萼中心，再把花萼粘到甜豌豆花的根部。用手指轻轻按压花萼，让它牢牢地粘在花萼的根部。

25. 给所有的甜豌豆花以及花苞都粘上一个花萼，包括 4 种形态的花。在上色前确保充分晾干。

给甜豌豆花上色

26. 在所有花瓣正反面的边缘刷上波斯菊粉色粉。

27. 在花瓣背面，花萼上方的位置刷上少量的猕猴桃绿色粉。

28. 在花萼的顶部和底面刷上猕猴桃绿色粉。

29. 在给所有的花瓣和花萼上完色后，将甜豌豆花轻轻地蒸上几秒钟，让它充分着色（见准备工作）。使用前要确保其充分晾干。

小贴士：

　　白色的甜豌豆花一样很漂亮，做起来也非常容易。只需在花瓣和花萼的背面刷上淡绿色，再蒸上几秒让它充分着色即可。在使用前确保充分晾干。

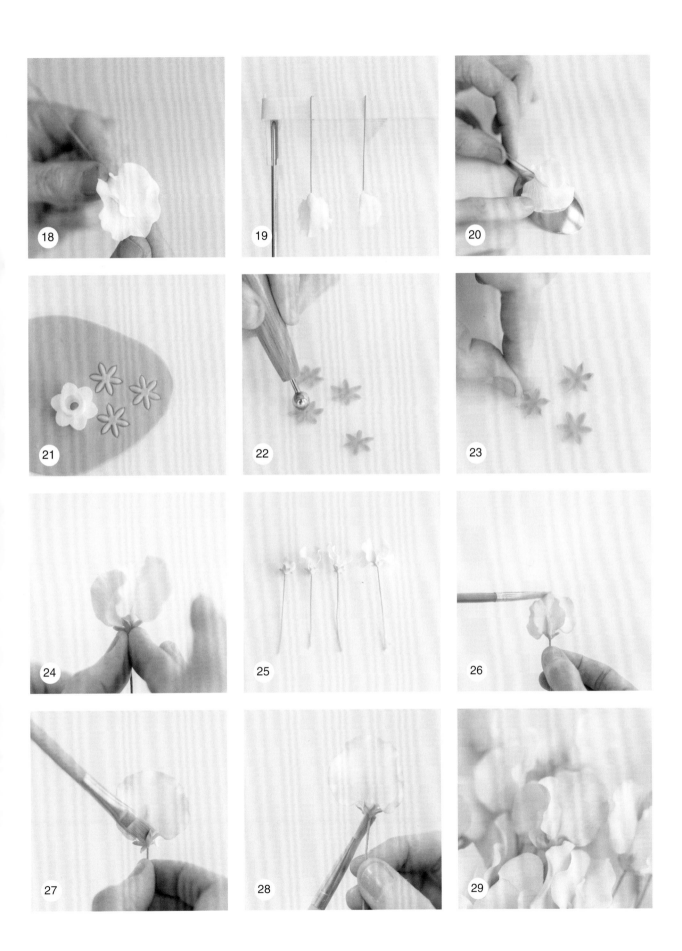

蛋糕设计

翻糖花设计的基础步骤

  我下面介绍的这些方法和技巧，对于设计出饱满又丰富的糖花来说是非常行之有效的。接下来每个蛋糕装饰都有特定的搭配方法，而这些基础步骤则是蛋糕装饰必不可少的第一步。

工具和材料

确保你拥有装饰蛋糕的所有材料。在蛋糕上放置糖花的方法多种多样，如果你能了解当地企业的法律法规给出的指导方法就最好不过了。

材料包括：

吸管（图1），竹扦（图2），大型和小型花束固定管（图3），铁丝剪钳（图4），花艺纸胶布（图5）和牙签（图6）。也可以准备几副手套。

使用吸管或者固定管的时候，可以先把它们插到蛋糕上，然后再把花茎插进去，也可以先插花茎再插到蛋糕上。还需要涂少量的翻糖或者蛋白糖霜在洞口上，用以固定吸管。小花可以和牙签用胶布绑在一起，大花最好和竹扦绑在一起。对于那种较重尺寸较大的花，可以用更长一点的竹扦，插入蛋糕更深一些来保持平衡。

和谐的配色

把所有做完的花朵、填充花、花苞和叶子放在一起，根据颜色分组，进行观察。这样既有助于更直观地感受到它们搭配在一起的整体效果，也有助于分类搭配。如果只需要小的装饰，就可以把花和叶子一起拿在手中，看看自己喜不喜欢这样的颜色和式样。个人建议大家可以通过观察纺织品上的花，或者真花搭配的照片寻找配色和组合的灵感。

花的形状

花点时间考虑下用来搭配的花的形状。一些花是圆的，一些有着尖尖的根部，一些花的花瓣比较平滑，盛开的幅度较大。花的形状一样会影响搭配的效果。有些花很适合放在一起，而有些则需要稍微调整一下，让彼此更靠近一些(例如，可以稍微弯曲一下花茎，让两朵正对着花稍稍偏离一些）。可以把配花和填充

花和底部略尖但形状较圆的花朵放在一起，也可以环绕在更加开放和平坦的花朵的下方。举个例子，因为波斯菊是 V 形的，它们很适合放在一起，而毛茛花很圆，如果彼此之间稍稍偏离一点更适合放在一起。大丽花通常是平坦又开放的花，如果想要和其他的花朵一起搭配，一定要让它在晾干时带点 V 形。

花朵之间留出的形状

你也需要考虑搭配完主花朵之后，彼此之间留出的空白，放入什么样的填充花最合适。花朵的底部和顶部都有可能留出空隙。我们的基础花非常适合用来填满空隙。绣球花是 V 形的，所以可以紧紧地靠在一起做成小束，用来填补其他花朵间的空隙。小填充花有着狭窄锥形的底部，所以它们可以填满小洞。万能花苞底部都是小三角形的，所以它们适合放在所有花朵的底部，甚至塞在叶子底下。

摆放花朵的顺序

1. 放置并固定主花朵。

2. 在主花朵之间的空白处放上一小块翻糖，用于插入填充花和叶子的铁丝。根据自己的需求，也可以将翻糖涂上一点儿水、糖胶、蛋白糖霜或者融化的巧克力再粘到蛋糕表面。

3. 将其他的小花朵、绣球花、万能花苞和叶子的铁丝插入蛋糕表面的翻糖中，来填满主花朵之间的空隙。如果填充花需要朝着某一特定的方向才能填满空隙，也可以用剪钳稍稍夹弯铁丝调整方向。

4. 一旦主要的填充花和叶子摆放到位，就要用填充花和绣球花苞来填满小孔。一层层地插入填充花，给整体的设计增加深度和层次感。接着用同样的方法继续填充下一个空白，直到所有的空隙都被填满。

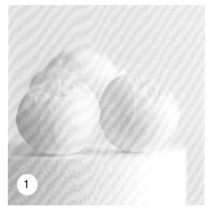
1

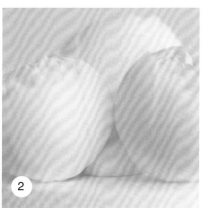
2

小贴士：

如果操作方法还不太熟练，可以先在蛋糕模型上练习。有的时候只有在练习中才能发现新的方法。

你需要用到的花比你以为的要多得多！确保要有足够的花来填满空隙，并且要准备好备用花，因为在操作过程中会损坏花。

另外一种填充空隙的方法就是使用刚做好的填充花，它们足够柔软，在插入空隙时可塑性强，不易损毁。就大花朵来说，只需保持外层或者两片花瓣柔软，让它们更好地结合在一起。

记住，有时候"少即是多"，一朵精致的花只需要几片叶子作装饰，便是一个完美地收尾。

3

4

单层蛋糕设计

装饰偏于一侧的蛋糕设计

用闭合的牡丹花和丁香花进行蛋糕的边缘设计。

精致美观的单层蛋糕适用于多种场合，如生日庆典、周年纪念日和个人婚礼庆典。简单的边缘设计手法会使整个蛋糕焦点突出，使设计看起来新颖自然。这种设计方法多使用单个花朵和一些色彩明亮的叶子，把它们别致地摆放在靠近蛋糕边缘处，这样设计蛋糕既快速又简便。如果想让蛋糕看起来更加精巧，就按照平常的方法，添加各式各样的花朵和精美的填充花。

用闭合的牡丹和丁香花设计时
需要的工具

蛋糕外层

· 尺寸为 18cm × 15cm 的表面带有白色翻糖的蛋糕
· 长 60cm，宽 5mm 的白色罗缎带
· 备用的白色翻糖

主体花朵

· 3 朵闭合的牡丹花

填充花、花苞和叶子

· 30 朵绣球花
· 10 个多功能绿色花苞
· 30 朵混合丁香花（包括盛开的和浅杯状的），另外准备一些备用的花
· 15 个丁香花花苞
· 3 株牡丹花叶子
· 2 株丁香花叶子
· 5 株绿植的叶子

特殊工具

· 花艺纸胶布（绿色）

制作步骤：

1. 在蛋糕顶部的边缘部分找好位置，把闭合的牡丹花固定在上面。

2. 轻轻地在牡丹花中间加上一点翻糖，将其按压并固定好。

3. 在牡丹花底部找好位置，把牡丹花叶子和丁香花叶子插进去。

4. 用绣球花和多功能花苞对牡丹花之间的空隙进行填充。

5. 把所有的丁香花和丁香花苞紧紧地缠绕成一束，但要留下一点花和花苞备用。把花束放在 3 朵牡丹花的中间空隙部分，把花茎插入牡丹花之间的翻糖中进行固定。用留下备用的丁香花把小空隙填满。

6. 把 5 株绿植叶子高度各异地缠绕在一起。把绿植叶子放在其中 2 朵牡丹花之间，把花茎插入牡丹花之间的翻糖中进行固定。叶子要稍稍高于蛋糕边缘。用缎带装饰好蛋糕，结束设计（见收尾工作）。

想要有所创新的话，也可以用毛茛花和小苍兰来进行这种边缘设计，按照制作闭合的牡丹和丁香花这种边缘蛋糕设计方法进行。

小贴士：

　　在进行边缘设计时，如用到闭合的牡丹花或毛茛花等圆形花朵，就要选择多功能花苞对花朵底部的小空缺进行填补，这样才能做出完美的花朵搭配。

单层蛋糕设计

用海葵花制作跨边的蛋糕设计

运用跨越蛋糕边的设计手法，营造一种花朵溢出边缘的效果，会让翻糖蛋糕设计看起来可爱又不失浪漫。如果你还比较喜欢这种设计手法的话，可以简单的用 3 朵一样的花，摆放在蛋糕顶部的边缘和侧边，形成一个紧密的三角形，就像这里展示的藤蔓玫瑰一样摆放。如果想要使设计更加精致一点的话，就要像这里展示的海葵花蛋糕设计样品一样，用小一点的花朵，花苞和叶子来填补花朵之间的空隙。如想要在设计手法上更精细一点，就要使用大小各异、形态不同的花朵来进行设计，同时添加花朵的尾茎或绿植把它们缀在蛋糕的侧面。

小贴士：

如果不确定设计样式，可以先花点时间在泡沫工具上进行练习。选择好哪些花应该放在顶部边缘，哪些花应该缀在侧边。

用海葵花设计时你需要的工具

蛋糕外层

· 尺寸为 13cm×15cm 的表面带有白色翻糖的蛋糕
· 长 45cm，宽 5mm 的黄绿色罗缎带
· 备用的白色翻糖

主体花朵

· 3 朵海葵花

填充花、花苞和叶子

· 2 株大号绣球花叶子
· 2 株小号绣球花叶子
· 9 个多功能花苞
· 9 朵填充花
· 10 个绣球花苞
· 15 朵绣球花

制作步骤：

1. 找好位置，把海葵花紧紧地固定在一起，一朵固定在蛋糕顶部，另外两朵放在蛋糕侧面。从上面看，这 3 朵海葵花要呈现出一个三角形。

2. 轻轻地在海葵花中间加上少量翻糖，将其按压并固定好。

3. 找好位置，把绣球花叶子插入海葵花底部，使叶子稍稍低于花的高度。

4. 开始用多功能花苞或绣球花来填补海葵花之间的空缺。用填充花填满每一个可见的小洞。用缎带装饰好蛋糕，结束设计（见收尾工作）。

制作这种跨越边缘的玫瑰蛋糕设计时，
要使用3朵蔓藤玫瑰和2株玫瑰花叶，摆放
步骤按照海葵花蛋糕设计米进行即可。

单层蛋糕设计

用樱花制作花冠蛋糕

    应用精致的樱花或樱花花苞在小蛋糕的顶部制造出花冠，能使这种生日祝福或周年纪念祝福更加讨人喜欢。这种设计手法也可以应用于大蛋糕上，用大号花朵和填充花混合在一起，或者将这种小的花冠设计运用于大型婚礼蛋糕的顶层。

1

2

3

小贴士：

　　对于苹果花蛋糕设计来说，也是按照同样的步骤，用苹果花和苹果花苞来进行替换就好，然后把它们摆放在表面带有绿色翻糖的同型号的蛋糕外层上。

用樱花设计时你需要的特殊工具

蛋糕外层

· 尺寸为 10cm × 15cm 的表面带有白色翻糖的蛋糕
· 备用的白色翻糖
· 长 35cm，宽 5mm 的黄绿色罗缎带

花、花苞和叶子

· 35 朵樱花
· 25 朵樱花花苞
· 2 株樱花叶子（按需要酌情增加）

特殊工具

· 糖胶和刷子
· 糖霜酥皮或融化的白巧克力（按需要进行选择）

制作步骤：

1.将多余的翻糖揉成一根长绳状，宽度为 1cm，在蛋糕顶部的边缘刷上一层宽度为 1cm 的糖胶，呈圆圈形，把绳子状的糖膏按戒指形状粘附在蛋糕上。放置几秒进行定型。用铁丝钳修剪樱花和樱花花苞上的铁丝，然后将其插入绳子状的翻糖上。在开始制作花冠时，一朵花朝向外部，一朵花朝向内部，另一朵放在两朵之间的顶部，然后在顶部继续添加，填满这个圆圈，要尽量使花与花之间紧紧相连。如果担心花不能定型，就将铁丝顶端沾上一层薄薄的糖霜酥皮或融化后冷却的白色巧克力，当作"糖胶"使用。

2.在填满圆圈之后，再用更多的花苞和花来填补所有的空缺。

3.在蛋糕前添加 2 片叶子，把它们放在花朵的底部，插入到戒指状的翻糖中。根据需要可以再添加其他的叶子。用缎带装饰好蛋糕，结束设计（见收尾工作）。

想要有所创新的话，也可以用甜
豌豆花和绣球花来制作这种花冠，按
照樱花蛋糕设计的制作方法进行即可。

多层蛋糕设计

用波斯菊进行宽边的蛋糕设计

　　蛋糕的宽边可以进行各种装饰，也非常容易装饰，尤其适合摆放一朵单个的大花或超大花，以及一大束花。由于蛋糕边缘较宽，很容易地就能在主体花朵的周边满满地插上填充花，因此可以毫不费力地创造出饱满又醒目的蛋糕。

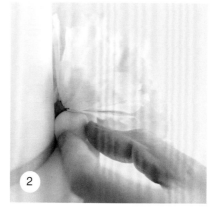

小贴士：

插花时用插上铁丝的花瓣好处有两个：一是方便移动花瓣，为其他花朵空出位置；二是能将花瓣微微拨得开放一些，挡住小空隙。

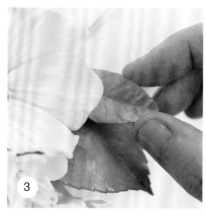

用波斯菊设计时你需要的工具

蛋糕外层

· 表面带有白色翻糖的尺寸为10cm×13cm的蛋糕
· 表面带有白色翻糖的尺寸为15cm×15cm的蛋糕
· 长90cm，宽5mm的黄绿色罗缎带
· 备用的白色翻糖

主体花束

· 3朵粉色的大波斯菊
· 5朵小苍兰

填充花、花苞和叶子

· 1枝小苍兰花茎，上面有3个绿色花苞和4个白色花苞
· 2片绣球花叶
· 2片甜豌豆花叶
· 12朵绣球花

制作步骤：

1. 准备好蛋糕，然后添加缎带（见收尾工作）

2. 找好位置，轻轻地把波斯菊放置在蛋糕边上，让花朵之间形成三角形。在位置较低的2朵花之间的空白处加入小苍兰花，再将有着花苞的小苍兰花茎直接插进苍兰花的下方位置。

3. 在蛋糕边花朵底部的周围轻轻涂压上一点备用的翻糖，以便插入填充花和叶子。将绣球花叶和甜豌豆花叶插入大波斯菊底部。最后用绣球花和花苞将蛋糕边上以及波斯菊下方的空隙都填满。

想要有所创新的话，也可以用木兰花、绣球花和各种叶子的搭配来设计蛋糕，制作方法按照波斯菊的步骤即可。

多层蛋糕设计

用毛茛花进行窄边的蛋糕设计

　　窄边设计较为新颖时尚，在翻糖蛋糕设计中是最为流行的蛋糕样式。一般来说，窄边设计只适用于小一点的花朵，精致的搭配，以及形状平坦或开放的花朵，但也适用于单个浅杯状的圆形花朵，周围环绕着一些填充花，底部点缀着一些叶子。任意选择进行搭配，看起来都会是时尚的。如果想用大一点的花，要确保将其牢牢地固定在蛋糕上，防止花朵的移位和损坏。

用毛茛花进行设计时你需要的工具

蛋糕外层

· 表面带有白色翻糖的尺寸为 10cm ×
13cm 的蛋糕
· 表面带有白色翻糖的尺寸为 13cm ×
15cm 的蛋糕
· 长 80cm 的，宽 5mm 的黄绿色罗缎带
· 备用的白色翻糖

主体花束

· 1 朵大毛茛花（6 层花瓣，用几株开放
的花瓣来制作 1 个 5cm 的花）
· 1 朵小毛茛花（4 层花瓣，用几株开放
的花瓣来制作 1 个 4cm 的花）

填充花、花苞和叶子

· 6 朵绣球花
· 7 朵填充花
· 1 个填充花苞
· 3 个多功能花苞
· 2 株甜豌豆叶

制作步骤：

1. 准备好蛋糕，然后添加缎带（见收尾
工作）。

2. 找好位置，轻轻地把两朵毛茛花并列
放置在蛋糕层的侧面。大一点的花放在
中心突出位置，小一点的花作为点缀轻
轻地蜷放在后面。

3. 在蛋糕边花朵底部的周围轻轻涂压上
一点备用的翻糖，以便插入填充花和叶
子。在毛茛花中间和周围的空隙处用绣
球花和花苞进行填充。在较小的花朵右
边点缀上 2 株甜豌豆叶子。

4. 收尾工作就是把填充花放在绣球花和
花苞上将所有空隙填满。

多层蛋糕设计

用无褶皱的牡丹花进行三层蛋糕设计

  要想制作清新整洁，搭配完美的三层蛋糕，最简单的方法就是在蛋糕顶部或者靠近顶部的边缘部分使用小型花束进行布局，在第二层的底部使用大型花束进行布局，如图中的两个蛋糕所示。你也可以将这种设计方法应用到更多层的蛋糕设计中去，在这种从上到下的设计之中，制作出更大的花束进行布局。为了在蛋糕设计更加新颖，可以从单层到多层蛋糕的设计中找寻你喜爱的样式，然后把这些设计组合在一起形成自己的设计风格。

用无褶皱牡丹设计时你需要的工具

蛋糕外层

- 表面带有白色翻糖的尺寸为 13cm × 13cm 的蛋糕
- 表面带有白色翻糖的尺寸为 18cm × 13cm 的蛋糕
- 表面带有白色翻糖的尺寸为 20cm × 15cm 的蛋糕
- 长 170cm，宽 5mm 的黄绿色罗缎带
- 备用白色翻糖

主体花束

- 3 朵无褶皱牡丹，1 朵大号，1 朵中号，1 朵小号
- 2 朵波斯菊
- 2 个牡丹花苞

填充的花，花苞和叶子

- 8 株小苍兰叶子，分别做成 3 株一束和 5 株一束
- 2 个带花茎的小苍兰花苞
- 56 朵绣球花
- 16 个多功能花苞
- 10 个绣球花花苞
- 45 朵填充花
- 3 朵填充花花苞和 2 株填充花叶子缠绕在一起，形成一个单独花茎的花束
- 3 朵甜豌豆花和 2 个甜豌豆花苞缠绕在一起，形成的一个单独花茎的小花束
- 8 株绣球花叶子

制作步骤：

1. 准备好蛋糕，添加缎带（见收尾工作）。找好位置，把大号和小号无褶皱牡丹花固定在第二层蛋糕的底部边缘，然后把中号与褶皱牡丹花放在与蛋糕顶层相对的位置，放在顶层边缘部分。

2. 找准位置，固定好位于第二次添加的花朵，包括添加的 1 朵波斯菊和 1 个牡丹花苞，把它们放在蛋糕顶层。找准位置，把第二朵波斯菊放在第二层底部，并排放在大号牡丹花旁边，并把牡丹花苞放在牡丹花之间的下方部分，将它们固定好。

3. 找好位置，把 5 朵小苍兰扎成一束，放在第二层蛋糕下部分的两朵牡丹花之间，并把 3 朵小苍兰扎成一束，放在蛋糕顶层部分的牡丹花和波斯菊之间，然后将它们固定好。在固定好花朵之后，添加一些带有花茎的小苍兰花苞，分别点缀在 2 束小苍兰的下方。

4. 轻轻地在牡丹花、波斯菊和小苍兰底部周围加上一点备用的翻糖，以便填充花的铁丝部分插入。开始将一些绣球花叶子插入牡丹花下方和外侧，用绣球花，绣球花苞和多功能花苞填充花朵之间的空隙。用填充花填充满剩余的小孔，将它们层叠在一起，以增加纹理和深度。

5. 在收尾工作时，在底部或边缘部分插入其他剩余的叶子。把带有花茎的花苞和甜豌豆花插入到顶层的设计中去，以增加视觉上的美感。

小贴士：

　　先摆好底部的花朵会让你更容易找到顶部花朵的位置。如果不确定牡丹花的位置，拿一个稍微有点褶皱的干净纸团放在蛋糕表层上部及周围，移动纸团，直到找到放花的最佳位置。轻轻地用牙签或塑型工具在翻糖上做出标记，并把花固定在已经找好的位置上。用纸团的好处就是，即便纸团掉落，也不会损坏到蛋糕和花朵！

小贴士：

　　把5~7朵填充花放在一起，扎成一小束，这样能更快速地填补大花朵之间的空缺部分，或者单独使用一朵，来填补绣球花之间的小空缺。

预先做的糖花设计

用牡丹和毛茛花设计半球形的顶部装饰

　　如果你想要提前做好花朵设计，可以预先准备一个半球形泡沫球作蛋糕的顶部装饰。在泡沫球上摆放花朵，可以尝试不同的设计，融入不同的想法，做出相应的调整。半球形的装饰宽 13cm，适合放在一个高 10cm 的蛋糕顶层作大装饰，当然也可以根据需要调整半球装饰的尺寸。这个顶部装饰有点重，一定要确保在蛋糕有足够的内部结构来支撑它。

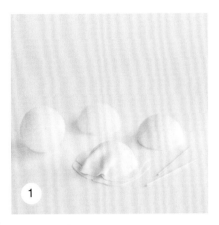

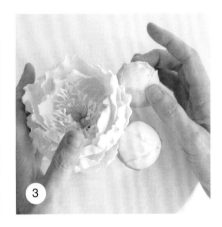

小贴士：

在装饰蛋糕之前，最好先准备一个和真正的蛋糕尺寸相同的蛋糕模型，这样便于根据整体的设计效果和顶层尺寸，制作出比例更加协调的顶层装饰。

用牡丹和毛茛花做顶部装饰时你需要的工具

蛋糕外层

· 表面带有白色翻糖的尺寸为 10cm×10cm 的蛋糕
· 直径为 7.5cm 的空心泡沫球
· 18cm 泡沫蛋糕模型
· 竹扦
· 热熔胶枪或者蛋白糖霜
· 糖花，花苞和叶子
· 蛋糕内部足够的支撑力
· 备用白色翻糖

花朵、花苞和叶子

· 1 朵褶皱边的牡丹
· 3 个牡丹花苞
· 3 朵毛茛花
· 65 朵绣球花
· 20 个万能花苞
· 10 个绣球花苞
· 60 朵填充花
· 4 片大绣球叶子
· 4 片小绣球叶子
· 5 片用胶布绕城一束的绿叶

制作步骤：

1. 我们要将直径为 7.5cm 的泡沫球切成两半，取其中一半涂上白色翻糖，放在一个 10cm 的蛋糕顶层上。将两根竹扦插入泡沫半球的底部，用热熔胶或者蛋白糖霜固定住。

2. 在摆放花朵之前，要先将竹扦推进蛋糕模型中，为泡沫半球找好合适的固定位置。先将一朵盛开的牡丹插进稍稍偏离球心的位置，在此之前需要用竹扦戳好小孔。

3. 将 3 个牡丹花苞和 3 朵毛茛花围绕着泡沫半球放置。

4. 将绣球花和绣球花苞、万能花苞和填充花由上至下填满花朵间的空隙，直到半球的底部边缘。底边留下一点空白，以便我们插入抹刀将顶部装饰抬离泡沫模型。把手放到顶部装饰的下方，轻轻地将它取下，再将顶部装饰的竹扦固定在内部有支撑的蛋糕顶层上。

5. 用花和叶子填满所有空隙，包括顶部装饰的底边一圈，底边的花和叶子微微溢出到蛋糕上，就可以完全覆盖住泡沫半球。

预先做的糖花设计

用蔓藤玫瑰制作花瓣隔层

花瓣隔层会使你的蛋糕设计层次分明，外观美丽，同时它的实用性不仅仅局限于隆重的婚礼蛋糕。这个精致的小设计，是锻炼设计过程和用较小的花、填充花、花苞和叶子进行搭配的好方法。华丽的花朵本身就可以单独使用，也可以加入如图所示的额外设计。

用蔓藤玫瑰制作花瓣隔层时需要的工具

表层蛋糕

- 尺寸为 13cm×13cm，表面带有白色翻糖的蛋糕，底部蛋糕板中心有 8mm 的小孔
- 尺寸为 15cm×10cm，表面带有白色翻糖的蛋糕，蛋糕内部带有支撑物，底部蛋糕板中心有 8mm 的小孔
- 尺寸为 18cm×13cm，表面带有白色翻糖的蛋糕，蛋糕内部带有支撑物，底部蛋糕板中心有 8mm 的小孔

制作隔层的花朵

- 20 朵蔓藤玫瑰（各种型号都要准备）
- 15 个蔓藤玫瑰花苞
- 35 朵樱花
- 25 个樱花花苞
- 50 朵绣球花
- 15 个绣球花苞

- 60 朵填充花
- 12 个万能花苞
- 5 株小叶子

顶层设计使用的花朵

- 4 朵蔓藤玫瑰
- 3 朵樱花
- 3 个樱花花苞
- 7 朵绣球花
- 5 朵绣球花
- 2 个万能花苞
- 2 株小玫瑰花叶

特殊材料

- 备用的白色翻糖
- 尺寸为 23cm×5mm 的实心蛋糕板，中心有直径为 8mm 的钻孔，表面覆有白色翻糖

工艺刀

- 粘合剂喷枪
- 将尺寸为 8mm 的支撑杆剪至 38cm 长，将其一端的顶部削尖
- 2 个尺寸为 18cm 的蛋糕纸板，蛋糕板中心有 8mm 的小孔
- 2 个尺寸为 10cm 的蛋糕纸板，蛋糕板中心有 2~2.5cm 的小孔（这个孔要大一点，使完成后的蛋糕分隔层可以根据需要进行左右移动）
- 尺寸为 10cm×5cm 的泡沫圆柱，中心带有 2cm 的小孔。
- 长 225cm，宽 5mm 的黄绿色缎带
- 糖胶或水
- 牙签（取食签）或针具
- 备用的尺寸为 18cm×15cm 的泡沫塑形器，在分隔层上添加花朵的时候，用其充当模具使用

制作步骤：

1. 制作分隔层时，用少量糖胶将尺寸为 10cm 的蛋糕纸板粘贴到尺寸为 10cm×5cm 的泡沫圆柱上，保证中心的小孔对齐。将其晾干。

2. 取一小块翻糖，揉成一个长 35.5cm，宽 7.5cm，高 3mm 的形状。在翻糖上添加一点糖胶或水，把翻糖包裹在分隔层周围，覆盖住所有泡沫及其边缘。用工艺刀将多余翻糖剪下。

3. 将覆盖了翻糖之后的分隔层，放在 2 个尺寸为 18cm 的蛋糕纸板之间，然后将其放在备用的 18cm 的泡沫塑形器上。将 8mm 的支撑杆插入中心的小孔，直至能将泡沫塑形器固定住为止。这 2 个蛋糕板的作用就是在放上蛋糕的时候，当作纸板保护器避免使摆放好的花朵受到损坏。

4. 准备好要用的花朵、花苞和叶子，开始把它们摆放在分隔层上，将铁丝插入泡沫即可。需要的花，可以用牙签或针具先扎好孔，再将铁丝插入。

5. 继续在分隔层上添加玫瑰、樱花、绣球花和花苞，然后把填充花放在它们之间留出的空隙之上。

6. 继续在蛋糕板之间的分隔层上添加玫瑰、樱花、绣球花和花苞。

7. 用糖胶把支撑杆固定在中心位置。把尺寸为 18cm×13cm 的蛋糕穿过支撑杆，放置并固定好作为底层。轻轻地把纸板保护器从分隔层上取下来，小心地放在底层蛋糕的顶部。把剩下 2 个蛋糕叠放在一起并固定在分隔层的上部，沿着支撑杆将其慢慢往下放。在分隔层底部的

边缘部分继续添加一些花朵、花苞和叶子来填补空缺，让一些花和叶子溢出到底层蛋糕的顶部。

8. 测量好所需缎带并将缎带绑在每一个蛋糕层和纸板的底部（见收尾工作）。

9. 将缎带固定好后，再沿着分隔层顶部用其他的花朵和花苞把空缺部分填满。

10. 在靠近蛋糕顶部边缘处制作一个花束设计，固定住一些玫瑰，用糖膏球摆放在花朵周围。将剩下带有铁丝的花朵、花苞和叶子插入翻糖中，摆出甜美好看的造型。

收尾工作

　　我们会用真正的缎带绑出蛋糕的层次，通常宽度较窄、颜色简洁的缎带，还可以补充颜色的搭配。黄绿色的绸带是最百搭的，但是我们也会用淡粉色、柔和的棕色以及白线缝边的巧克力色缎带，按照定制的要求，我们偶尔也会使用黑色或者条纹的缎带。不要想着把每种颜色都用上，记住，只有基础色才是最百搭的。

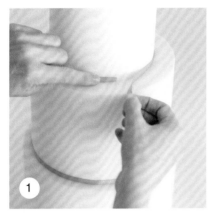

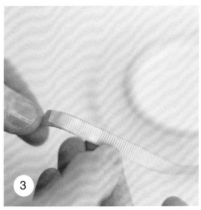

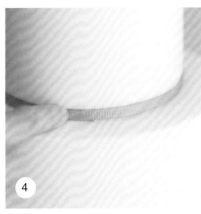

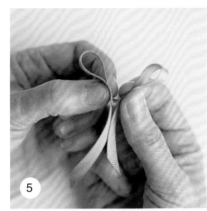

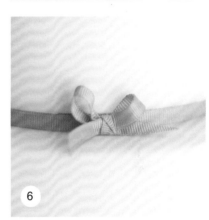

你需要用到的特殊工具

· 缎带

· 剪刀

· 和缎带宽度一样或者比缎带窄的双面胶带

· 做好的多层蛋糕（或者同样尺寸的蛋糕模型）

· 直尺或者卷尺（可选）

1. 轻轻地将缎带绕着蛋糕（或者同样尺寸的模型）底部，测量所需的缎带长度，两端交叠 2.5cm，或者也可以用一根绳子来测量。

2. 用锋利的剪刀斜着剪下缎带。

3. 剪 2cm 长的双面胶，撕下一面粘到缎带一端。

4. 用丝带缠绕蛋糕一圈，将缎带两端重叠。撕下双面胶的另一面，将缎带的两端重叠着粘到一起。

5. 如果你想要隐藏缎带的接口，可以在上面系个小蝴蝶结，把蝴蝶结的两端修剪得倾斜一些。

6. 在蝴蝶结背面粘上一小团双面胶，再粘到合适的位置上。如果有需要的话，蝴蝶结也可以放到蛋糕的前面作额外的装饰。

感谢的话：

非常感谢 F&W Media 全体工作人员对出版本书给予的支持。感谢 Ame Verso 给我这次难得的机会，Anna Wade 的创意指导和精美布局，Jane Trollope 对全文的耐心编辑以及 Jeni Hennah 帮助我对全书的梳理和整合。

非常感谢来自 Harper Point Photography 的 Nathan Rega 以及 Kira Friedman 对糖花蛋糕的理解，拍出这么多好看的照片，帮助我传达了自己的创意和想法。

感谢我身边所有才华横溢的艺术家们，其中有我的老师、我的同事和朋友，还有一些给了我灵感的人，他们是：Colette Peters，Scott Woolley，Nicholas Lodge，Ron Ben Israel，Greg Cleary，Giovanna Smith，Robert Haynes，Naomi Yamamoto 以及 Alan Dunn.

非常感谢我的学生在课堂和工作中的精彩经历，看着你们享受制作漂亮的糖花的过程，我感到非常的幸福。

非常感谢我的妈妈和继父，以及家人朋友对我追求梦想的支持，对我热爱艺术的鼓励。感谢我的父亲，虽然他没能看到这本书，但是他之前一直倾听我的想法并关注我的进展。

最后，我要感谢我的丈夫 Keith 对我的支持和爱。你是我最好的帮手，你的支持、鼓励和爱是我一切创作的动力和源泉。

关于作者：

杰奎琳是位于加州圣地亚哥的 Petalsweet 公司的老板、艺术家和创意总监，同时也是一位婚礼蛋糕师兼糖果工艺师和蛋糕装饰指导师。在爱上翻糖花之后，杰奎琳就向业内一些顶尖的糖花设计师请教，不久之后就开始了她的蛋糕设计之旅。Petalsweet 公司于 2005 年正式成立，旗下的蛋糕因设计简洁时尚、精致、样式多变、色调柔和的翻糖花装饰而出名。杰奎琳非常高兴能与大家分享她对这种艺术形式的热爱，她花了大部分时间来教授她独特风格的蛋糕和糖花装饰，受到美国国内外的广泛认可。

索引

图书在版编目（CIP）数据

优雅糖花装饰你的蛋糕／（英）杰奎琳·巴特勒著；李祥睿，周倩，陈洪华译. — 北京：中国纺织出版社有限公司，2020.8

（尚锦西点装饰系列）

书名原文：MODERN SUGAR FLOWERS

ISBN 978 - 7 - 5180 - 7305 - 4

Ⅰ.①优… Ⅱ.①杰… ②李… ③周… ④陈… Ⅲ.①蛋糕－制作 Ⅳ.①TS213.23

中国版本图书馆 CIP 数据核字（2020）第 060858 号

原书名：Modern Sugar Flowers
原作者名：Jacqueline Butler
Copyright © Jacqueline Butler，David and Charles Ltd.，2017，
1 Emperor Way，Exeter Business Park，Exeter，EX13QS，UK
本书中文简体版经 David and Charles Ltd. 授权，由中国纺织
出版社有限公司独家出版发行。本书内容未经出版者书面
许可，不得以任何方式或任何手段复制、转载或刊登。
著作权合同登记号：图字：01 - 2017 - 2511

责任编辑：舒文慧　　特约编辑：吕　倩　　责任校对：王蕙莹
责任印制：王艳丽　　版式设计：品欣排版

中国纺织出版社有限公司出版发行
地址：北京市朝阳区百子湾东里 A407 号楼　邮政编码：100124
销售电话：010—67004422　传真：010—87155801
http://www.c-textilep.com
中国纺织出版社天猫旗舰店
官方微博 http://weibo.com/2119887771
北京华联印刷有限公司印刷　各地新华书店经销
2020 年 8 月第 1 版第 1 次印刷
开本：889×1194　1/16　印张：10
字数：167 千字　　定价：88.00 元

凡购本书，如有缺页、倒页、脱页，由本社图书营销中心调换